# 桃园

## 生产与经营

### 致富一本通

马之胜　王越辉 ◎ 主编

中国农业出版社

主　　编　　马之胜　　王越辉

编著者　　马之胜　　贾云云

　　　　　　王越辉　　白瑞霞

　　　　　　李学华　　刘海忠

前言

　　桃原产于中国，是目前世界上最重要的核果类果树，是我国第三大落叶果树。它具有适应性强、分布广、易栽培管理、果实营养丰富和适口性强等特点，深受人们喜爱。桃树在农民增收、发展农村经济及新农村建设中发挥了重要作用。

　　桃树生产环节主要包括：病虫害防治、整形修剪、土肥水管理和花果管理。病虫害防治是获得产量和品质的保证；整形修剪是一个调整的过程，调节生长和结果之间的关系，达到生长与结果的协调；土肥水管理是一个增加营养（提供给桃树所需的营养与水分）的过程，同时也是一个改进土壤理化性能、为根系创造良好生态环境的过程；花果管理就是在以上 3 个环节的基础上，通过对花（培育出优质花芽，开出优质的花朵，疏花和授粉）及果实的数量控制（疏果）和质量控制（套袋和反光膜等）等，达到桃园高产、优质、安全生产的目的。

　　果实生产出来以后，能够以较高的价格卖掉，是最终的愿望。在新的形势下，既要会生产，又要会经营销售，这样才能实现丰产和高效的愿望。为此果农需要转变 3 个观念：

1. 质量与安全　随着人们生活水平的日益提高，人们的生活消费由过去的"数量型"转向"质量型"。所以果品生产也要注重质量，"果品是用来吃的，不仅仅是看的"，除外在品质外，尤其是要注重内在品质的提高，优质是品牌的基础，同样，安全也是人们关注的焦点。

2. 品牌创建　在购买农产品时人们开始重视"品牌""商标"。"好酒不怕巷子深"已经过时，再好的产品也要进行宣传，积极创建品牌，才能实现优质优价。

3. 主动出击多渠道销售　新的形势下，"皇帝的女儿也愁嫁"，果品销售要主动出击，既要传统销售，又要创新销售。

编者结合自己多年从事桃树科研取得的成果和生产实践经验，参考国内同行的文献资料，编写了本书。主要包括建园、苗木繁育、栽培管理技术（整形修剪、土肥水管理、花果管理、病虫害防控技术）、自然灾害与防御、城郊桃树观光果园设计与管理及桃树经营管理与市场营销等。

本书在编写过程中，力求技术先进、材料翔实、图文并茂、科学实用、通俗易懂、可操作性强。

由于编者水平有限，书中难免不足之处，恳请读者朋友提出宝贵意见。

编　者

2017 年 11 月

# 第一章
# 桃产业发展与投资规划

## 一、桃树的特点

桃树是重要的核果类果树，原产于我国，总产量在核果类果树中名列第一。桃树的主要特点如下。

**1. 喜光性强** 喜光性强是桃树最显著的特点。桃树原产于我国海拔高、光照强、雨量少的西北干旱地区，在这种自然条件影响下，形成了喜光和对光照敏感的特性，叶片、果实和枝条对光照均较敏感。对于叶片来说，若光照不足，则影响光合作用，会使其变薄、变小、变黄；对于果实来说，若光照不足，会使其着色差、品质劣，即使是容易着色的品种，内膛果虽然着色面积也较大，但其内在品质往往较差；对于枝条来说，若长时间光照不足，则会使其变得细弱，花芽发育不饱满，严重时会枯死，因此，树体枝量不宜太大，但也要注意防止日烧的发生。如果枝干、果实全部裸露或向阳面受强烈日光照射，容易引起日烧。

**2. 年生长量大** 桃萌芽率高，成枝力强，新梢一年可抽生2~4次副梢，年生长量大，树冠形成快。这是早果丰产的基础。但也易于导致徒长和树体郁闭。这是种植密度不宜过大且要加强夏季修剪的原因。

**3. 花芽形成容易，花量大，不易形成大小年**　桃树各种类型果枝均可形成花芽，包括徒长性果枝上也有较多花芽。桃树不易形成大小年，但是当结果过多时，树势易衰弱，南方地区可引起流胶，北方土壤 pH 较大地区易引起黄化，有时不可逆转。

**4. 各种果枝均可结果，但不是所有的枝条都可结出优质果实**　在水平枝或斜生枝条上坐果较好，某些品种在较细的果枝上，更易长成较大的果实。因此，我们进行修剪时，要依据不同品种特点，培养适宜的结果枝。

**5. 花器特殊性**　桃树的花有两个类型，一种是花中有花粉，另一种是花中无花粉。有花粉的品种坐果率高，无花粉的品种坐果率相对较低，需要配置授粉品种和人工授粉。另外，在无花粉品种中，坐果具有不确定性，也就是当我们给无花粉品种上指定的花授粉时，不是授过粉的花都可以坐果，以上两点决定了在确定修剪留枝量时，要适当增加无花粉品种的留枝量。

**6. 剪锯口不易愈合，且是病虫入侵的入口**　桃树修剪造成的大剪锯口不易愈合，剪锯口的木质部很快干枯，并干死到深处。因此修剪时力求伤口小而平滑，及时涂保护剂，以利尽快愈合。对于大的伤口要进行包扎。常用的保护剂有铅油、油漆、接蜡等。

**7. 对某些环境或化学物质较敏感**　桃树对水分较敏感，不耐涝，忌重茬，对某些农药和肥料（如氮肥）也较敏感等，有时能引起黄叶、落叶和落果等。在施用新型肥料或农药时，先做小型试验，再大面积应用。

**8. 桃树的冻害多表现为主干或主枝，花芽冻害发生较少，也较少发生抽条**　某些品种主干和主枝抗冻性较差，易发生冻害，花芽的冻害多见于无花粉品种的僵芽。

**9. 桃树根系较浅**　与苹果、梨和杏等北方水果相比，桃树的根系分布较浅，主要分布于 20～50 厘米土层，这与土壤质地有关。施肥时要注意到这一点。同时，由于根系浅，易于受到外界环境条件和耕作影响，使根系受到伤害。根系受到伤害反过来又会影响到地上部的生长发育。

**10. 种类多，用途广** 生产中主栽品种较多，鲜果供应期长。桃树有鲜食桃、加工桃和观赏桃三大类，鲜食桃还可分为普通桃、油桃、蟠桃和油蟠桃，各个类型中还有白肉和黄肉之分。果实不耐贮运，为了满足市场供应，必须栽植不同成熟期的品种，以保证每个时间段都有品种成熟，供应市场，为此生产中主栽桃品种较多，接近 100 个。目前，果实供应期露地栽培在 5～11 月，设施栽培在 3～5 月，延迟栽培在 11～12 月或翌年 1 月。

另外，桃树还有易流胶等特点，在制订栽培技术措施时要引起注意。

# 二、桃树生产的现状和意义

## （一）我国桃树生产的现状

近十几年来，我国桃生产表现出如下特点。

**1. 栽培面积和产量成倍增长，栽培区域明显扩大** 据统计，2015 年，我国桃种植面积 79.95 万公顷，总产量 1 287.41 万吨。我国桃总产量由 1989 年的世界排名第六位，跃居到 1993 年的世界排名第一位。

栽培区域逐渐扩大，我国共有 27 个省份种植桃树，四川、湖南、湖北、云南、福建和广西等地正在大力种植桃树。产量排前十名的分别为：山东、河北、河南、湖北、辽宁、陕西、江苏、北京、浙江、安徽。尤其是近几年，我国各地桃树面积增加迅速。

**2. 品种趋于多样化**　近几年，我国在桃品种选育方面取得了较大成绩，培育出一系列普通桃、油桃、蟠桃和油蟠桃新品种。在普通桃中，白肉水蜜桃仍占主导地位，不溶质桃（如秦王、八月脆、红岗山和霞脆等）呈发展趋势，随着新品种的培育和推广，鲜食黄肉桃正在被消费者所接受。近几年，油桃不断培育新品种及其无毛的优越性越来越得到消费者的认可，发展较为迅速，蟠桃面积也在不断扩大，产量不断增加。虽然油蟠桃新品种推出时间较短，但已吸引了消费者的"眼球"，满足了多样化需求，种植者表现出较大兴趣。随着桃加工品尤其是罐头制品出口量的增加，桃加工产业呈现较好的发展势头，国内新增加了一批加工黄桃生产基地。

**3. 栽培方式向集约化迈进**　经过十几年的发展，设施栽培已接近饱和，不宜再扩大规模，应进一步提高品质和延长其供应期。

**4. 桃园生草和覆盖技术开始得到应用**　桃园生草和覆盖技术的生态和培肥土壤的效应已显现，生产绿色果品和有机果品的桃园已将这两项技术列为主要管理措施。

**5. 桃树非化学防治技术所占比例越来越大，果品安全性不断提高**　随着果品安全意识的增强，桃园非化学防治技术（农业防治、物理防治和生物防治）正在被广泛应用。一批绿色桃果品得到认证，有机桃园在经济发达地区开始栽培试验。

## （二）发展桃树生产的意义

**1. 满足人们对新鲜优质果品的需求**　随着人们生活水平的不断提高，水果消费已成为人们日常生活中的必需品。在大中城市，尤其对无公害、绿色果品的需求量呈现增加的趋势。桃果实芳香可口，甜酸适度，适于各年龄段人群食用。

**2. 农村重要的支柱产业**　桃树已由小杂果发展成为一个大宗树种。在我国水果业中位居第四，在北方落叶果树中位居第三，仅次于苹果和梨，在农村经济中发挥着重要作用。桃树专业生产县、乡和村大量涌现，并以桃产业为主要经济来源。

**3. 桃树在观光果园中发挥着越来越大的作用**　观光农业是将农业景观转化为旅游景观的一种新型农业，它不同于以往的农业生产内容，也不同于传统的旅游业，是一种现代农业与旅游业相结合的新型旅游业。观光果园是果园的发展，是公园的派生；是果园的公园化，是果园与公园的有机结合。近年来，"桃花节""蟠桃会""采摘节"的勃然兴起，为桃树业注入了新的生机和活力，传统的桃文化与现代的品种、栽培模式的交汇，使观光桃园成为观光果园的重要组成部分。

## 三、桃树产业中存在的问题及发展趋势

### （一）存在问题

**1. 区域化程度不够**　未摸清每个品种的最适生态区，对某一地区最适合发展什么品种也没有进行深入细致研究，导致在发展中盲目引种栽培，一些地区出现了"栽了刨，刨了栽"的现象。

**2. 品种结构不合理**　主要表现为早熟品种比例大，晚熟品种比例小。专用加工品种比例小，特别是制汁和制罐品种。鲜食黄肉桃、优质蟠桃和优质油桃比例小。

**3. 果品质量差**　果品质量差主要有以下几方面原因。

（1）种植密度过大、冠内枝量大，留果量过多，树冠极易郁闭，树体光照较差。

（2）化肥施用量大。由于过分追求产量，导致化肥过量施用，尤其是氮肥施用量大，果实风味变淡等。大量施用化肥，破坏土壤结构，减少土壤中有益微生物数量，还可导致土壤养分比例失调，并污染土壤和水。化肥过量施用，破坏了土壤系统，形成了恶性循环，造成对化肥的过多依赖。

（3）土壤有机质含量不足。目前，我国桃园土壤有机质含量不足 1%，与国外的 3%～5% 相差甚远。有机肥施入量减少，多采用土壤清耕除草或应用化肥除草剂，修剪下的枝条全部移出果园或被烧掉。产量的增加主要靠施入大量的化肥，土壤理化性差，肥料利用率低，保肥保水力差。树体和果实生理病害越来越重。提高有机质含量是一项长期的任务。

（4）果实成熟期遇降水，影响果实内在品质。成熟期遇降雨，果实病害发生加重，同时雨水也使果实可溶性固形物含量下降，影响果实品质。

**4. 果品安全性差**　由于桃园对农药的依赖性强，农药施用过量，导致果实农药残留高，安全性下降。

**5. 良种繁育体系不健全，苗木市场混乱**　导致品种良莠不齐，病虫害蔓延，大量劣质品种苗木投向市场，给生产带来巨大损失。

**6. 机械化程度低**　种植密度较大，行距太小，不适合进行机械化生产，如喷药、割草、采收和施肥等，费工较多。

**7. 品牌少，知名品牌更少**　不注重新品牌创建，没有对现有品牌进行充分利用和保护。由于缺乏品牌，严重影响果品销售，市场价格低，市场占有率较低。

## （二）发展趋势

依据我国桃生产现状，我国桃品种应向区域化、多样化和特色化迈进，果实应向绿色化、优质化和品牌化转变，栽培应向规模化、标准化和集约化靠拢。主要表现在以下几个方面。

**1. 果实品质** 随着桃树生产的发展，竞争会变得越来越激烈，将由数量竞争转变为果实品质竞争。品质包括外观和内在品质，外观品质主要表现为果实大小、果面着色、果实洁净度等；内在品质主要表现在果实可溶性固形物含量、果实口感、果实硬度和香味等。提高外观品质相对容易，提高内在品质是一项紧迫的任务，要引起注意。

**2. 果品安全** 当前，食品安全已成为政府与消费者关注的焦点。在桃树上，就是要科学防治病虫害，提倡农业防治、生物防治、物理防治，科学进行化学防治，严格按无公害果品（或绿色果品）生产要求使用农药，禁用剧毒农药，应用生物农药、矿物类农药和低毒农药。要把生产安全的桃果实放在重要位置。

**3. 可持续发展** 桃树是多年生果树，其经济寿命在 15～20 年。为此我们不要进行"掠夺式经营"，要从长计议，在生产优质果品的同时，要注意科学地投入、科学地管理，使桃树生长健壮，高产、稳产、优质、高效。桃园中多施有机肥，可与生草种草结合，与养殖结合，实现可持续发展。

**4. 重视地下管理** 桃树的浅层根系是根系的主要活动区域，它对花芽形成、果实品质提高起着决定性作用，因此，为浅层根系创造一个极为优良的环境条件，使其处在温湿度稳定、有机质含量丰富的条件下非常重要。可以采用重施有机肥、果园生草、覆盖和科学使用化学肥料等措施。

**5. 规模化** 一家一户的小规模经营，不仅难以实现小生产与大市场的有效对接，而且不能产生规模效益，加之农业与其他产业相比效益过低。按照依法自愿有偿的原则，发展多种形式的适度规模经营，实现农业规模效益。专业大户、家庭农场、农民专业合作社等都是推进农业规模化经营的重要形式。

**6. 机械化** 传统农业主要是由劳动者运用简陋的劳动工

具，以人力和畜力驱动的农业。劳动用工多，体力强度大，农业劳动生产率低，农业竞争力不强。与传统农业相区别，机械化是现代农业的主要标志。现代农业是以现代农业机械和设施装备起来的农业，各种农业机械和大棚温室设施将得到广泛应用。农业机械和现代设施装备把大工业的成果引入农业生产过程，必然会大大提高农业劳动生产率、资源利用转化率和农产品商品率。

**7. 功能多样化** 通过发展休闲观光农业、乡村旅游农业、体验农业、文化农业、都市农业等多功能农业，不仅可满足人们日益增长的物质文化与精神生活需求，而且通过倡导健康的生活理念，保护自然生态环境。更为重要的是，还可延长农业产业链，平抑农业经营环节风险，提高农业附加值，增加农业对经济、政治、社会、文化、生态建设的基础和支撑作用。

**8. 品牌化** 品牌化是市场化经营的必然结果，尤其是农产品供过于求、竞争日趋激烈之时，以差异化营销为本质特点的品牌战略将得以快速推进。品牌象征着品质，代表着产业发展的成熟度，因此品牌化是农业现代化的核心标志，没有品牌的农业不能算是现代农业。

# 四、桃园投资规划

## （一）投资成本

桃园建园投资成本主要包括：整地费、挖穴或定植沟、种苗费、肥料费、水电费、管理费、小农具折旧费用等（表1-1），其中主要是苗木成本，当然苗木品种和质量不同，其价格也不同，有的相差很大。

表 1-1　桃园建园投资成本

| 项目 | 金额（元/亩*） | 备注 |
|---|---|---|
| 整地费 | 20～150 | 丘陵岗地需要费用多，平原需要较少 |
| 挖穴或定植沟 | 80 | |
| 种苗费 | 500 | 种苗费用有时因品种差异很大 |
| 肥料费 | 100 | 主要是有机肥 |
| 水电费 | 50 | |
| 管理费 | 50 | |
| 小农具折旧费用 | 50 | |
| 合计 | 850～980 | |

## （二）生产过程中的成本和效益分析

桃生产成本分为物质成本、人工成本和土地成本 3 部分。桃生产成本计算公式如下：

生产成本＝物质成本＋人工成本
　　　　＝直接物质成本＋间接物质成本＋自有劳动力折旧
　　　　　＋雇佣劳动力成本

目前，用工主要包括：喷药、除草、疏花疏果、采收、夏季修剪、冬季修剪、人工授粉、套袋、去袋等。

以河北为例，一般情况下，人工成本中自有劳动力成本为 2 883.3 元/亩，雇佣劳动力成本为 2 228.9 元/亩。物质成本包括直接成本和间接成本，其中，直接成本为 1 582.35 元/亩，间接成本为 733.30 元/亩。

投入成本总计 7 427.85 元/亩，若除去自有劳动力，实际投入 4 544.55 元/亩。

若销售价格为 4.0 元/千克，产量为 3 000 千克/亩，则总

---

* 亩为非法定计量单位，1 亩＝1/15 公顷。——编者注

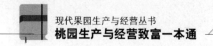

收入为 12 000 元/亩，除去投入总成本 7 427.85 元/亩，净收入 4 572.15 元/亩。

效益的高低与产量、售价和成本有关。为了取得较高的效益，一是要降低生产成本，二是要增加总收入。总收入由产量和价格决定，价格受市场供求关系和品质等影响，要协调好产量与品质的关系，找到一个平衡点，不要过分追求产量，而忽略品质。

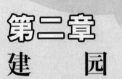

# 第二章
# 建　园

桃园建设是桃生产中的一项很重要的基础工作，必须全面规划，合理安排。建立一个低成本、高效益、无公害的桃园，要处理好桃树与生长环境、桃产业其他行业之间的关系，并实行科学的栽培技术和管理措施。

## 一、桃树对环境条件的要求

### （一）对气候的要求

桃树是落叶果树中适应性较强的树种。桃原产于中国海拔较高、日照长、光照强的西部地区，长期生长在土层深厚、地下水位低的疏松土壤中，适应空气干燥、冬季寒冷的大陆性气候。因此，形成了桃树喜光、耐旱、忌涝和耐寒等特性，对温度、光照和水分等也有一定要求。

**1. 温度**　桃树为喜温树种。桃树经济栽培区在北纬 25°～45°。适栽地区年平均气温为 12～15℃，生长期平均气温为 19～22℃时，就可正常生长发育。

桃树属耐寒果树，但一般品种在 -22～-25℃时可能发生冻害。桃花芽在萌动后的花蕾变色期受冻温度为 -1.7～-6.6℃，开花期和幼果期的受冻温度分别为 -1～-2℃ 和

$-1.1℃$，根系在处于休眠状态的最冷月份能抗$-10～-11℃$，到萌芽后$-9℃$即受害。桃树根颈部位不抗寒，如河北中南部地区 2009 年 11 月上中旬下了暴雪，当时的最低温度已下降到$-10℃$，中华寿桃和 21 世纪桃受冻害严重，部分桃园已全军覆灭。

果实成熟期间昼夜温差大，干物质积累多，风味品质好。6～8 月夏季高温、多雨，尤其夜温高，是影响桃果实品质的重要因素之一。

桃树在冬季需要一定的低温来完成休眠过程，即要求一定的需冷量，桃树解除休眠的需冷量一般是以 0～7.2℃的累积时数来表示。一般栽培品种的需冷量为 500～1 200 小时，多数品种为 600～800 小时。

在南方栽培，一般不存在冬季冻害问题，限制因子是需冷量，若需冷量不足，会出现花芽枯死脱落、发育不良和开花不整齐等现象。另外，花期前后的气温变化对南方桃产区也有很大影响。福建福州平原地区低温时数（0～7.2℃）只有 0～301 小时，与目前大部分品种需冷量 700～850 小时相差甚远。台农甜蜜的需冷量为 54 小时，在福建海拔 40 米处可以正常生长结果，而玫瑰露、锦绣、迎庆、大久保、雨花露、白凤和玉露等在海拔 40 米处不能正常生长结果，而在海拔 700 米处，雨花露和白凤可以正常结果，迎庆、大久保和西选 1 号在海拔 375 米处可以正常结果。

**2. 光照** 桃树喜光，对光照反应极为敏感。一般日照时数在 1 500～1 800 小时即可满足生长发育需要。日照越长，越有利于果实糖分积累和品质提高。

桃树光合作用最旺盛的时期是 5～6 月，与其他果树不同的是，桃树叶片中的栅栏组织和海绵组织分化快，光合强度增大的时间早，并随着叶片的增加而增大，盛夏时由于气温过高而略有减少，而到 9 月桃叶的光合作用又增强。对一个果园和一个单株的桃树来说，树体生长过旺，枝叶繁茂重叠，叶片的受光量减少，不利于光合作用进行，这样就造成枝条枯死，严重时叶片脱落，根系停止生长。

光照不足，枝条容易徒长，树体内碳水化合物与氮素比例降低，花芽分化不良。光照不足，不仅对果实生长有影响，也影响果实风味品质。树冠郁闭光照差，果实着色不良，果实颜色不美观，严重影响其商品品质，可溶性固形物降低1～2个百分点。一般要求树冠内膛与下部相对光照在40％以上，可以确保叶片正常地进行光合作用。一般情况下，树冠外围果实光照好，果实颜色好，风味品质佳，而内膛则相反。桃叶片的光合作用比较强，每平方米叶面积净同化量为4.8克，光照度以10 000勒克斯最好。在一定限度内，光照减少到全光照的60％，对同化量影响不大，但降到30％时，同化量即为60％，降到18％时同化量仅为27％。一般南方品种群耐阴性高于北方品种群。试验表明，我国近几年培育的一些油桃品种，在南方光照欠佳地区也表现良好。

光照在某种程度上能抑制病菌活动，如在日照良好的山地，病害明显轻。光照过强会引起日烧。如主枝全部裸露或向阳面受日光直射，日照率高达65％～80％时，可引起日烧，对树势产生不同程度影响。

桃树对光照敏感，在树体管理上应充分考虑喜光的特点，树形宜采用开心形，枝组间距和枝间距要大，枝量小。在树冠外围，光照充足，花芽多而饱满，果实品质好；反之，在内膛的结果枝，其花芽少而瘦瘪，果实品质差，枝叶易枯死，结果部位外移，产量下降。同时，种植密度不能太大，避免造成遮阴。

**3. 水分** 桃树根系浅，根系主要分布于20～50厘米土层。根系抗旱性强，土壤中含水量达20％～40％时，根系生长良好。桃对水分反应较敏感，桃树根系呼吸旺盛，耐水性弱，最怕水淹，连续积水两昼夜就会造成落叶和死树。在排水不良和地下水位高的桃园，会引起根系早衰，叶片薄，叶色变淡，进而落叶落果、流胶以至植株死亡。如果缺水，根系生长缓慢或停长，如有 1/4 以上的根系处于干旱土壤中，地上部就会出现萎蔫现象。春季雨水不足，萌芽慢，开花迟，在西北干旱地区易发生抽条现象。

在生长期降水量达 500 毫米以上，枝叶旺长，易发生病害，如流胶病、果实褐腐病和穿孔病等，同时果实风味下降，果实易腐烂，贮藏性变差，还易加重果实裂果，影响商品性。在长江以南地区会出现早春阴雨低温，影响开花授粉，坐果率低。

桃果实含水量达 85%～90%，枝条为 50%，如供水不足，会严重影响果实发育和枝条生长，但在果实生长和成熟期间，雨量过大，易使果实着色不良，品质下降，裂果加重，炭疽病、褐腐病和疮痂病等病害发生严重，花芽分化不好，生长后期水分过多，枝条贪长，枝条成熟不充分，冬季易受冻害。

在我国北方桃产区降水量为 300～800 毫米，如可进行灌溉，即使雨量少，由于光照时间长，同样果实大，糖度高，着色好。

### （二）对土壤的要求特点

桃树虽可在沙土、沙壤土和黏壤土上生长，但最适土壤为排水良好和土层深厚的沙壤土。在 pH 5.5～8.0 的土壤条件下，桃树均可以生长，最适 pH 为 5.5～6.5 的微酸性土壤。目前，我国南方桃产区土壤 pH 5.0～6.5，而北方多为 7.0～8.0。

在沙地上，桃根系易患根结线虫病和根瘤病，且肥水流失严重，易使树体营养不良，果实早熟而小，产量低，盛果期短。在黏重土壤上，易患流胶病。在肥沃土壤上营养生长旺盛，易发生多次生长，并引起流胶，进入结果期晚。土壤 pH 过高或过低都易产生缺素症。当土壤中石灰含量较高、pH 大于 8 时，由于缺铁而发生黄叶病，在排水不良的土壤上，更为严重。

根系对土壤中的氧气敏感，土壤含氧量 10%～15% 时，地上部分生长正常，10% 时生长较差，5%～7% 时根系生长不良，新梢生长受抑制。桃根系在土壤含盐量 0.08%～0.1% 时，生长正常，达到 0.2% 时，表现出盐害症状，如叶片黄化、枯枝、落叶和死树等。

# 二、园地选择

## （一）地势

平地地势平坦，土层深厚、肥沃，供水充足，气温变化缓和，桃树生长良好，但通风、排水不如山地，且易染真菌病害。平地还有沙地、黏地、地下水位高（高于 1 米）、盐渍地等不良因素，故以先改造后建园为宜。山地、坡地通风透光，排水良好，栽植桃树病害少，品质优于平地桃园，如河北顺平县在山地栽培的大久保桃，果实个大，颜色好，硬度大，风味甜，果实性状优于在河北平原地区栽培的大久保。桃树喜光，应选在南坡日光充足地段建园，但物候期较早，应注意花期晚霜的危害。现在提倡在山地建园，土壤、空气和水分未被污染或污染极轻，是生产安全果品的理想地方，且果实品质好。山地建园应在海拔 2 000 米以下为宜。

## （二）土壤

桃树耐旱忌涝，根系好氧，适于在土壤质地疏松、排水畅通的沙质壤土建园。在黏重和过于肥沃的土壤上种植桃树，易徒长，易患流胶病和颈腐病，一般不宜选用，尤其地下水位高的地区不宜种植桃树。

## （三）重茬

桃树对重茬反应敏感，往往表现生长衰弱、产量低、易流胶、寿命短或生长几年后突然死亡等，但也有无异常表现的。重茬桃园生育不良和早期衰亡的原因很复杂。除了营养和病虫害原因之外，有人认为是桃树根残留物分解产生毒素，毒害幼树而导致树体死亡，如扁桃苷分解产生氰氢酸使桃根致死，因而应尽可能避免在重茬地建园。

河北省农林科学院石家庄果树研究所从 1998 年开始试验研究，证明以下 4 种方法可以减轻重茬病的危害。

（1）先行间错穴栽植大苗，2～3 年后再刨原树。主要原理是如果桃根系有生活力时，土壤中的根系不会产生毒素，这时栽上大苗并不表现重茬症状，之后将原树刨去，这时新栽小树已形成较大根系，再刨掉原树对小树的影响已很小。

（2）种植禾本科农作物。刨掉桃树后连续种植 2～3 年农作物（小麦、玉米）对消除重茬的不良影响有较好效果。

（3）挖定植沟，彻底清除残根。对要淘汰的桃树用拖拉机等将其拔掉，使其在土壤中尽量不留根系。前茬刨后若再栽桃树，用挖掘机挖 80～90 厘米深、80 厘米左右宽的定植沟，边挖边捡除其中的根，晾沟 3～5 个月后，第二年春季将坑填上，同样边填边捡根，之后进行灌沟栽树。如有可能，挖定植沟时与旧坑错开，填入客土等效果更好。

（4）栽大苗。在栽植时，栽大苗（如二至三年生大苗）比小苗效果好。

# 三、桃园规划设计

包括桃园及其他种植业占地、防护林、道路、排灌系统和辅助建筑物占地等。规划时尽量提高桃树占地面积，控制非生产用地比率。多年经验认为，桃园各部分占地的大致比率为：桃树占地 90% 以上，道路占地 3% 左右，排灌系统占地 1.5%，防护林占地 5% 左右，其他占地 0.5%。

**1. 桃园园地（作业区）的规划**　根据桃园的地形、地势和土壤条件，小气候特点和现代化生产的要求，因地制宜地划分作业区。作业区通常以道路或自然地形为界。作业区面积小者 15 亩，大者 150 亩不等，因地形、地势而异。地形复杂的山区，作业区的面积较小（5～20 亩），丘陵或平原可大些（50～200 亩）。作业区的形状以长方形为宜，利于耕作和管理，长边与短边又可为 2∶1 或 5∶（2～3）。在山区，长边须与等高线走向平行，有利于保持水土。小区长边与主要有害风向垂直，或稍有偏角，以减轻风害。

**2. 桃园道路系统的规划**　根据桃园面积、运输量和农机具运行的要求，常将桃园道路按其作用的主次，设置成宽度不同的道路。主路较宽（6～8 米），并与各作业区和桃园外界联通，是产品和物资等的主要运输道路。作业区之间有支路（4～6 米）相连。作业区内为方便各项田间作业，必要时还可设置作业道（1～2 米）。道路尽可能与作业区边界相一致，避免道路过多地占用土地。

**3. 桃园排灌系统的规划**　首先解决水源，根据水源确定灌溉方式（沟灌、畦灌、喷灌、滴灌）和设计排水渠、灌水渠。通常灌溉渠道与道路相结合，排水渠与灌水渠共用。

**4. 辅助建筑物**　辅助建筑物包括管理用房、药械、果品和农机具等的贮藏库、包装场、配药池、畜牧场和积肥场等。管理用房和各种库房，最好靠近主路交通方便、地势较高、有水源的地方。包装场和配药池最好位于桃园或作业区的中心部位，有利于果品采收集散和便于药液运输。畜牧场和积肥场则以水源方便和运输方便的地方为宜。山地桃园，包装场在下坡，积肥场在上坡。

**5. 绿肥地**　利用林间空隙地、山坡坡面、滩地种绿肥，必要时还应专辟肥源地，以供桃树用肥。

# 四、栽植时期与密度

## （一）定植时间

在桃树生产中，有春栽、秋栽和冬栽 3 个时期。由于秋、冬栽比春栽发芽早、生长快，我国南部、中部地区冬季雨水充足，风小，气温较高，采用秋栽较多，可缩短缓苗期。北方有灌溉条件且冬季不太寒冷地区也可采用秋栽。干旱、寒冷且无灌溉条件的北方地区，秋栽有抽条现象，所以应以春栽为主。春栽在石家庄地区一般在 3 月中旬左右。

## （二）栽培密度

**1. 确定适宜栽植密度的依据**　经济利用土地资源和有效地利用光能是合理密植的依据。确定栽植密度应考虑：初果年龄及初果期产量，进入盛果期的年龄和产量，盛果期的年限及经济寿命。现已由"产量型"时代进入"质量型"时代，追求高质量是当今的主流。

**2. 适宜的栽植密度**　一般密植栽培的株行距为 2.5 米×（5～6）米，普通栽培为 4 米×（5～6）米。行间生草，行内覆盖，或行间、全园覆草。通常山地桃园土壤较瘠薄，紫外线较强，能抑制桃树的生长，树冠较小，密度可比平原桃园大些。大棚或温室栽植时，一般密度为株距 1～2 米，行距为 2～2.5 米。主干型整形株距 1 米，行距 2.5～3 米。

**3. 高密栽植的利弊分析**　在露地栽培条件下，高密栽培一般是行距小，利少弊多。主要好处是由于单位面积栽植的株数多，土地利用率高，前期单位面积产量上升迅速，可早期达到最高产量，因而前期经济效益较高。其主要弊端有3个。

（1）高密桃园树体不易控制，光照差，极易发生郁闭。桃树为速生型树种，生长速度快，生长量大，随着树龄增大，树冠不断扩大，相互遮阴，冠内外郁闭，光能利用率下降，内膛枝枯死，产量下降。由于通风透光不良，病虫害严重，降低果实品质。

（2）果个较小。近几年生产实践证明，高密栽培难于生产出高质量果品。桃树在刚结果的1～3年，其果实较小，只有进入盛果期后，树势中庸，其果实大小才不断增大。高密栽培正是在初结果的2～3年有优势，而生产的果实大都果个小、质量差。

（3）管理难度加大。要建生态果园，必须实行果园生草制，高密栽培园难于实现生草。其他管理如施有机肥等难度也加大。

# 五、品种选择与配置

品种是桃树生产中最基本的生产资料。品种选择的正确与否，直接关系到将来能否获得高的效益。选择适宜优良品种一直是人们普遍关心的热点问题。

## （一）桃树优良品种应当具备的特点

优良品种必须同时具备综合性状优良、优良性状突出，并且没有明显缺点，三者缺一不可。

**1. 综合性状优良**　桃品种有很多农艺学性状，包括生物学性状、果实性状和抗性等。桃优良品种必须综合性状优良，包括果实的外观品质、内在品质、生长结果习性、丰产性和抗病虫性等，任何一个重要性状必须在良好或中等程度以上，是

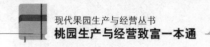

优良品种的基础。

**2. 优良性状突出**　在综合性状优良的基础上，与同类品种比较，必须具备一个或一个以上的目前生产中急需的主要性状，例如，成熟期极早或极晚、果实大、外观漂亮、耐贮运、品质好（含糖量高）、抗性强等。

**3. 没有明显缺点**　优良品种必须没有明显缺点。如果有明显缺点，即使优良性状再突出，也不是优良品种。例如，中华寿桃成熟期晚、果实大、优点突出，但是裂果严重、抗寒性差，因此只能是优异资源，而不是优良品种。

当然，优良品种的基本要求不是一成不变的。不同地区对优良品种的要求也不相同。优良品种最好能够同时满足生产者、经营者和消费者的需求，且有较强的抗性。最终需要由市场来检验。

## （二）选择桃品种应注意的问题

**1. 品种适应性**　品种的适应性是选择品种的最基本要素。根据品种生长特性及对环境条件的要求，选择该品种适宜的栽培区域，同样根据某地区的自然生态条件，选择当地适宜的品种，做到"适地适栽"。不同品种的适应性不同，有些品种适应性强，有些适应性很窄。每个品种只有在它最适的条件下才能发挥其优良特性，产生最大效益。一些地方特产品种，如肥城桃和深州蜜桃的适应性较差，雨花露、雪雨露、玫瑰露等品种则在南北方表现均好。大久保在山区表现比平原好，在我国北部比南部好。

**2. 市场需求**　要考虑 3 年后桃果实的销售市场定位在哪儿，是本地还是外地？是南方还是北方？如是出口，是哪个国家？近两年，离核桃和黄肉鲜食桃深受消费者喜爱，市场价格也较高。

**3. 种植目的**　提倡使用专用品种，不提倡使用兼用品种。

种植者为了减轻市场风险，有时选用鲜食与加工兼用品种，鲜食与观赏兼用品种，往往事与愿违。

**4. 承受风险能力**　种植者选择最新品种往往可以获得比较高的收益，但也可能有失败的风险。在某一区域培育出来的新品种，引种到另一地区是否是优良品种，还要进行生态适应性的试验才能确定。对于承受风险能力弱者，可以选择已经过多年试验成功的品种，这类品种已适应当地气候和土壤条件，综合性状表现优良。通过加强栽培管理，种植这些品种同样可以获得较高的收益。

**5. 种植规模**　种植规模大，要考虑选择几个成熟期不同的品种及各品种的栽植比例。种植规模小，品种数量要少些。如果种植品种过多，反而给栽培管理和销售带来不便。

**6. 其他**　如抗寒性、需冷量、是否有花粉、成熟期是否是雨季等。

（1）抗寒性与需冷量。有的品种抗寒性较差，如中华寿桃和21世纪等。2002年冬及2009年冬，中华寿桃在河北受冻率达80%以上，有的地区已全军覆灭。南方地区要考虑品种的需冷量。

（2）是否有花粉。一个品种没有花粉是这个品种的缺陷，但不一定说这个品种就不是优良品种，关键是要采取相应的栽培技术。现在生产上有一些品种没有花粉，如仓方早生、砂子早生、红岗山、丰白、八月脆等品种，都具有很好的果实性状，如果实个大、果实硬度大、品质好等，唯没有花粉或花粉量极少，坐果率偏低。通过试验，对这类品种应采取相应的栽培技术（修剪和肥水）、配置适宜的授粉品种和进行人工授粉，是可以获得理想产量的。因为现在毕竟不是只追求产量的时代，而品质才是第一位的，有时还要限制产量才能保证质量。所以说不要因为无花粉就认为这样的品种不能栽。但是对无花粉品种进行人工授粉，增加了劳动力成本。各地要依据具体情况来选择是否栽培无花粉品种，主要是在花期是否有足够的人力进行人工授粉。无花粉品种如遇花期不良天气，还有产量低的风险。

（3）裂果。有些品种有裂果现象，如燕红、21世纪、中华寿桃及部分油桃品种等，尤其是成熟期正值雨季，会加重裂果。目前通过套袋可以减轻裂果，但是增加生产成本。

（4）品种来源。引进国外品种要注意是否是专利品种、是否经过检疫、国内品种是否经过鉴定、认定和审定。同样条件下尽量选择国产品种。

## （三）南方选择品种应注意的问题

**1. 选择短低温型品种**　如重庆和成都地区应选择需冷量800小时以内的品种，而广西北部地区则应选择需冷量在600小时以下的品种，方能在冬季顺利休眠。

**2. 不裂果**　在夏季高温多湿的环境或栽培技术不当时，油桃常发生裂果。多年的调查结果表明，曙光、艳光、中油4号、中油5号、早红宝石、特早红、双喜红和千年红等品种均表现为不裂果，在雨水量较多的年份裂果发生也较轻微。华光裂果较严重，即使在雨水较少的年份，也会出现普遍裂果现象。云南大部分地区的雨季开始于5月中旬至6月初，而目前各地引种的油桃成熟期大多集中在高温高湿的雨季，不利于油桃果实的生长发育，较易发生裂果。

**3. 早熟**　油桃品质受雨水影响极大，若在采摘前遇到大雨，则甜度大降，风味变淡，因此，选择成熟期能避开雨季的品种是非常重要的。应尽量选择成熟期在6月上旬之前的早熟品种，避开雨季的不利影响。

**4. 其他**　因南方气温高，湿度大，病虫害多，故宜选择抗病力强的品种。另外，南方生长期长，温度高，油桃生长快，可选择生长相对较弱的短枝型品种。

### （四）桃树优良品种引种

桃树是我国栽培最普遍的一种果树，不同品种有其不同的适应范围，在一个地区表现好，到另一地区并不一定就好。

**1. 认真查询品种来源，推测品种适应性**　要了解品种的来源，包括其父、母本，育成单位的地理位置，该品种的优缺点，然后分析它可能的适应性，再引种试验。

**2. 是否通过审定**　新品种通过审定才可进行推广。要尽量引进通过审定的品种。

**3. 先引种试种，再扩大规模**　结合当地的气候条件和市场需求，选择适销对路的品种进行试种。通过引种试验，充分了解品种的果实经济性状、生物学特征特性、丰产性、适应性和抗逆性等特征特性，如确认其表现优良，再进行推广。在气候相似的地区也可以直接发展。

**4. 尽量到品种培育单位去引种**　为保证引种纯度，应尽量到品种培育单位进行引种。

**5. 了解引种规律**　一般情况下，南方培育的品种引种到北方更易于成功，相反，引种成功率相对较小。

### （五）授粉品种配置

**1. 无花粉品种配置授粉品种的必要性**　桃多数可自花结实，不用进行人为授粉可以获得理想的产量。一些品种无花粉，如砂子早生、岗山白、八月脆、仓方早生、深州蜜桃、早凤王和丰白等品种，这类品种自花不能结实，如果不配置授粉品种，将不能获得理想的产量，因此在建园时必须配置授粉品种。授粉品种应该与主栽品种有同等的经济价值，花期相遇或较早，亲和力良好，能产生大量的花粉。无花粉品种的花期与一般品种同期或稍晚。也有一些品种本身有花粉，但是自花结实率低，如配以授粉树会提高坐果率。

**2. 授粉品种的配置数量** 在前些年，桃树配置授粉品种比例一般采用苹果和梨的比例，即 1∶（4～5），但桃不同于苹果和梨。主要是苹果和梨本身均有花粉，只是自花结实率低，其昆虫授粉效率高，所以说 1∶（4～5）的比例是完全够用的。桃由于自身无花粉，授粉昆虫不去无花粉的花上采粉，只是采蜜的才光顾，而采蜜的蜜蜂在身上沾着花粉较少，昆虫传粉的效率极低。试验证明，要收到较好的蜜蜂传粉的效果，应加大蜜蜂的数量，而且还要加大授粉品种的栽植比例，使之达到 1∶1。

# 六、桃树栽植模式

## （一）常规栽培

北方平原地区基本上都采用常规栽培。常规栽培就是直接挖定植沟或坑进行栽植，然后做畦，以便于灌水。栽树地面与行间地面在同一个平面上。这种方式便于田间操作，尤其是在树下放置用于桃园作业的高凳时，更加平稳、安全。

## （二）起垄栽培

南方由于雨水较多，而桃树怕涝，多采用起垄栽培。起垄栽培主要是采用小型挖掘机聚土起垄。挖掘机其中一根履带先与行线齐平，并将起垄位置（2 米宽度范围内）进行松土，松土深度 30～50 厘米，再将行间其余 3 米范围内表层肥沃土壤（15～20 厘米）堆到种植带内，直到垄高达到 50 厘米、宽度达到 200 厘米为宜。全垄呈直线。垄间可以推平，便于田间管理操作和以后生草。起垄栽培的桃园，桃树栽在垄上，比行间地面高约 50 厘米。若园地较低，地下水位高，则可以在行间挖排水沟。如遇大雨，雨水沿垄流向行间的排水沟。

# 七、栽植方法

## （一）定植点测量

无论是哪种类型的桃园，都必须定植整齐，便于管理。因此，需在定植前根据规划的栽植密度和栽植方式，按株行距测量定植点，按点定植。

## （二）定植穴准备

定植穴的大小，一般要求直径和深度 50～80 厘米。土壤质地疏松者可浅些，而下层有胶泥层、石块或土壤板结者应深些。定植穴实际是小范围的土壤改良，因而土壤条件愈差，定植穴的质量要求愈高，尤其是深度至少达 60 厘米以上为宜。如为质量好地块，一般要求直径和深度为 50 厘米。

**1. 挖穴**　应以栽植点为中心，挖成上下一样的圆形穴或方形穴。如果是春栽，最好是秋冬挖好，可使土壤晾晒，充分熟化，积存雨雪，有利于根系生长。干旱缺水的桃园，蒸发量大，先挖穴易跑墒，不如边挖边栽能保墒，可提高成活率。

**2. 填土与施肥**　栽植桃树前，可以先填入部分表土，再将挖出的土与充分发酵好的基肥混合后填入，边填边踏实。土离地面约 30 厘米时，将填土堆成馒头形，踏实，覆一层底土，使根系不致直接与肥接触受到伤害。填土后有条件者可先浇一水再栽树。

## （三）苗木准备

重茬地栽培桃树，最好栽植大苗，不栽半成苗。苗木要具备如下条件：①粗壮。在同样的条件下，要选择直径大的苗木。②根系发达。根系越完整，粗根越多，苗木质量越好。③芽子饱满。半成苗芽子饱满，生长量大，早期成形快。成苗在整形带内有足够的饱满芽，有利于整形。④没有病虫害。根系没有根瘤病，没有介壳虫等。

首先将苗木按质量分级，剔除弱苗和病苗，并剪除根蘖及折伤的枝、根和死枝枯桩等。然后喷 3～5 波美度石硫合剂或用 0.1％升汞液泡 10 分钟，也可用 k84 消毒，再用清水冲洗。栽植前根部蘸泥浆保湿，利于根系与土壤密接，可有效地提高成活率。为避免苗木品种混淆，栽植前先按品种规划的要求，将苗木按品种分发到定植穴边，并用湿土把根埋好，待栽。可在每行或两品种相连处挂上品种标签。同时苗木应分级栽植，便于管理。可以适当定植部分假植苗，以防苗木死亡或被破坏后进行补栽。

## （四）苗木定植及绘图

定植的深度，通常以苗木上的地面痕迹与地面相平为准，并以此标准调整填土深浅。栽植深浅调整好以后，苗木放入穴内，嫁接口朝向主要有害风方向，将根系舒展，向四周均匀分布，不使根系相互交叉或盘结，并将苗木扶直，左右对准，使其纵横成行。然后填土，边填边踏边提苗，并轻轻抖动，以便根系向下伸展，与土紧密接触。填土至与地平，做畦，浇水。1 周后再浇 1 次水。定植后应立即绘制定植图。

## （五）定植后管理

幼树由苗圃移栽到桃园后，抗逆性较弱，环境条件骤然改变，需要一段适应过程，因此定植后 1 年的管理水平对于保证桃树成活、早结果和早丰产至关重要，不可轻视。管理措施有：

**1. 及时浇水** 虽然桃树比较耐旱，但仍需要及时浇水，保证成活，促进快速生长，形成树冠，提早结果。生长后期要少浇水，以免徒长而影响越冬。

**2. 套袋和立棍保护** 对金龟子发生严重的地区，对半成苗要套袋，保护接芽正常萌发成新梢，当新梢长到 30 厘米左右时立棍保护。

**3. 合理间作** 行间可种植绿肥和其他农作物，但要与桃树生长期的营养需求不矛盾，如不争肥水，不诱发病虫害。

**4. 防寒越冬** 北方地区需垒土埂，覆地膜及埋土，均可提高幼树的越冬能力。

# 八、桃树高接换优

桃树是果树中最怕重茬的树种之一。刨掉桃树再重新栽桃树极易出现树体成活率低，或生长缓慢、结果少、品质差等问题。如果发现所栽品种不适合市场需求，淘汰品种时，不要马上刨掉，可以直接通过高接来更换所需要的品种。如果所栽品种均为无花粉品种，没有配置授粉品种，也可高接一些授粉品种。

## （一）嫁接时间

适宜高接的时间有 2 个，分别为夏季和春季。夏季主要是 7 月下旬至 9 月中旬，持续时间较长，近 2 个月之久。春季的时间较短，石家庄地区为 3 月中下旬，不足 20 天。夏季嫁接由于温度高、湿度大，所以成活率较高，反之春季嫁接温度相对低，空气干燥，成活率相对较低。但是春季嫁接，当年可恢复到嫁接前的大小，翌年就可结果，如果高接大树，便可进入盛果期。春季嫁接比夏季嫁接早结果一年。

## （二）嫁接方法

**1. 植株选择**　树龄在 10 年以下的健壮树适宜高接。树势较弱但树龄较轻而又有复壮能力的，应在加强土肥水管理、复壮树势后进行高接。如果树龄大于 10 年，树势强健的也可以进行高接。

**2. 嫁接方法**　采用带木质部芽接。带木质部芽接具有节省接穗、伤口较小、易于愈合、生长较快的特点。

**3. 嫁接部位**　粗度为 1.0～2.0 厘米的一年生枝或二年生枝均可，一年生枝最佳，成活率高，二年生枝生活力较差，成活率相对较低。

**4. 接穗的选择**　选用健壮、芽子饱满、无病虫害的一年生枝条作为接穗，一般粗度为 0.6～1.5 厘米，如果嫁接部位较粗时，选用较粗的接穗，反之，则用较细的接穗。

**5. 嫁接操作技术**　要嫁接的枝条可以是直立，也可以是斜生。如果是直立枝条，接口位于侧面，如果是斜生枝条，接口位于上部。接芽厚度为 0.3 厘米左右，长度 2.5 厘米左右，用适当厚度的塑料布将接芽包扎严实，将芽子露在外面。

**6. 高接芽数**　一般树上同侧间距 40～50 厘米高接一芽即可。一般大树 20 芽左右，中等树 12 芽左右，小树 6 芽左右。

**7. 接后管理**　夏季嫁接当年不解塑料布，第二年进行剪砧即可，同时解去塑料布。

如果是春季嫁接，中间要松一次塑料布。当接芽长到10～20 厘米时，将包扎芽子的塑料布解开，给新梢生长留出足够的空间，否则塑料布将会影响到新梢生长。解开后再重新包扎，主要是绑住接芽的两端，以防接芽翘开。

无论是春季还是夏季嫁接，春天萌芽后，凡有萌蘖发出，及时抹除干净，仅保留接芽长成的新梢。当新梢长到大约 40 厘米时，进行摘心，以促发分枝。

# 第三章
## 苗木繁育

## 一、苗圃的建立

### （一）苗圃地选择

用作育苗的地块应具备以下条件：地形一致，地势平坦，背风向阳，土层深厚，质地疏松，排水良好的沙壤土；水源充足，有良好的灌溉条件，地下水位在 1.0 米以下；忌重茬地、多年生菜地及林木育苗地。

### （二）苗圃地规划

苗圃地包括两部分：采穗圃和苗木繁殖圃，比例为1∶30。对规划设计出的小区、畦，进行统一编号，对小区、畦内的品种登记建档，使各类苗木准确无误。

## 二、砧木苗的培育

### （一）砧木种类

**1. 毛桃** 毛桃为我国南北方主要砧木之一。分布在西北、华北和西南等地。小乔木，果实小，有毛，味苦，涩味大，多不能食用。嫁接亲和力强，根系发达，生长旺盛，有较强的抗旱性和耐寒力。适宜南、北方的气候和土壤条件，我国桃产区各地广泛使用。由于实生繁殖，毛桃种类较多，果实大、小不一。核的大小也不一致，较山桃大，长扁圆形，核上有点、线相间的沟纹（图3-1）。

**2. 山桃** 山桃为我国北方桃产区的主要砧木，适于干旱、冷凉气候，不适应南方高温、高湿气候。与栽培品种嫁接亲和力好。生长健壮，抗旱、抗寒性强是其主要特点。山桃为小乔木，树皮表面光滑，枝条细长，主根大而深，侧根少。与毛桃相比，山桃果实和种核均为圆形，果实不能食用，成熟时干裂。核表面有沟纹和点纹（图3-1）。主要在山西、河北和山东等地使用。近几年来河北省农林科学院石家庄果树研究所初步调查发现，在河北石家庄一带，用山桃作砧木时，桃树树体生长健壮，寿命长，不易发生黄化病。与毛桃一样，山桃采用实生繁殖，也表现多样性，有的类型在某种年份有冻害现象。

图3-1 山桃核与毛桃核

A. 山桃核 B. 毛桃核

## （二）采种

采集充分成熟的果实，除去果肉杂质，洗净种核并阴干。种子纯度在95％以上，发芽率在90％以上。

## （三）桃种子生活力鉴别

通过以下方法可鉴别桃种子生活力。

**1. 形态鉴定法** 有生活力的种子具有如下特点：种子大小均匀，籽粒饱满，种皮有光泽，无霉变气味，无病虫危害，剥去种皮后，胚和子叶呈乳白色，不透明，压之有弹性，不出油；反之，则为失去生活力或生活力极弱的种子。

**2. 染色法** 轻轻砸碎外壳，细心剥去种皮，放入染色剂（5％红墨水，或 0.1％靛蓝胭脂红）中，染色 1～2 小时，再将种子取出，用清水冲洗干净。观察染色后的种子，凡胚和子叶完全染色者，为无生活力的种子；胚或子叶部分染色者，为生活力弱的种子；胚和子叶没有染色者，为有生活力的种子。

### （四）沙藏

沙藏种子时间一般在 12 月进行。沙藏前先用水浸泡2～3 天，湿沙含水率 12％～15％。沙藏时间 100～120 天。种子与沙子的体积比例为 1∶（4～5）。一般将种子与沙的混合物置于沟或坑内。可在房后、不易积水、透气性好的背阴处挖沟或坑，深度不超过 1 米，长和宽依种子多少而定（图3-2）。秋播的种子不需沙藏。

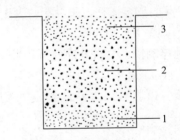

图 3-2　沙藏沟纵面
1. 底沙　2. 桃核与沙子的混合物　3. 覆盖的沙子

### （五）整地和施基肥

播种前进行耕翻和精细整地，施入腐熟农家肥 4 000～

5 000 千克/亩，混施过磷酸钙 20～25 千克/亩，耙平做畦，灌水沉实。

## （六）播种

播种量一般毛桃 40～50 千克/亩，山桃 20～30 千克/亩。播种时期分春播和秋播。秋播一般在 11 月至土地结冻前进行，种子可不进行沙藏，浸泡 3～5 天便可直接播种，播种后要浇 1 次透水。春播在土壤解冻后进行，一般在 3 月下旬进行。采用宽窄行沟播法，宽行行距 60～80 厘米，窄行行距 20～25 厘米，种子间距 10～15 厘米，播种沟深 4～5 厘米，播种后覆土、耙平。

## （七）提高出苗率措施

**1. 确保种子质量**　到有资质或信誉较高的单位购买桃种子。需求量少时，可以自己亲自去采集种子，或在自己桃园中种植一些毛桃或山桃，采集种子。种子质量的好坏是决定出苗率的关键因子。如果是秋播，一定要用种子质量好的。春播时，将沙藏后发芽的直接播种，未发芽的去壳，选择有生活力的进行播种。

**2. 精细整地与墒情**　要求畦面整平，畦土细碎，无坷垃，土壤墒情适宜。

**3. 播后覆膜**　覆膜可以提高地温，并保持土壤湿度，有利于出苗。

## （八）播后管理

保持土壤疏松无杂草，结合灌水追肥，施尿素 6～8 千克/亩。生长季可结合喷药，进行叶面喷施 300 倍尿素水溶液 2～3 次，并及时防治病虫害。实行秋播的，翌年春季种子出苗前如干旱再浇 1 次水。

# 三、嫁　接

**1. 采集接穗**　选品种纯正、生长健壮、无检疫对象的优质丰产树作采穗母株。芽接选用已木质化的当年生新梢中部。要依据砧木的粗度采集，接穗粗度要小于砧木粗度。嫁接"三当"苗要采集稍细的接穗，嫁接半成苗，要采集粗度较大的接穗。不采生长过旺的徒长枝及不着光的背下枝。

**2. 接穗处理**　芽接接穗，随采随用，剪去叶片，留下叶柄，用湿布包好备用。

**3. 接穗贮藏**　如不立即使用，应将其放入盛有浅水（深3厘米）容器中保存3～7天，每天换水，并放在阴凉处。有条件者可放在冰箱冷藏室内，可以贮藏1个月以上。如从其他地方买接穗，可将采集接穗放于泡沫箱中，再放入一些冻成冰的矿泉水瓶，注意要与接穗用纸箱隔开，可以降低箱内温度，延长贮藏期。枝条在运输中要防止高温和失水。

**4. 嫁接方法和时间**　培育芽苗和二年生苗，在8～9月嫁接，嫁接部位离地面10厘米。培育一年生苗在6月中旬嫁接，离地面15～20厘米。在嫁接前的5天左右浇1次水。采用T形或带木质部芽接法。当砧木和接穗都离皮时，可用T形芽接（图3-3），如两者有一个不离皮时，要采用带木质部芽接（图3-4）。不管采用哪种方法，应将芽眼露在塑料布外面。不要在下雨、低温和大风时进行嫁接。

**5. 提高桃树嫁接成活率的措施**

（1）嫁接前要对砧木苗浇水，接穗质量好，尽量用当天采集的接穗。

（2）天气适宜，要在天气晴好的时候进行嫁接，不要在雨天嫁接。

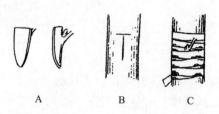

图 3-3　T形芽接

A. 削芽片　B. 砧木切口　C. 绑缚

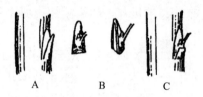

图 3-4　带木质部芽接

A. 削砧木　B. 削芽片　C. 插接芽

（3）嫁接技术。

①嫁接刀要锋利，嫁接速度要快。

②接芽的大小和苗木干粗细相"匹配"，即小芽接细苗、大芽接粗苗。充分利用接穗。

③接芽的底面积要和嫁接部位削切的斜面大小基本一样，这样接面伤口裸露少，减少水分蒸发，接芽和接面愈合快。

④接芽的厚度和嫁接部位削切深度吻合。

⑤包扎要紧、密。

**6. 提高"三当"速生苗质量关键技术**

（1）早播种。一般在 2 月下旬至 3 月初播种。播种后进行地膜覆盖，提高地温，保持土壤湿度，促早萌芽。幼苗达到5～6片叶时追施氮肥并浇水，促进幼苗生长。也可秋播，春季尽早进行地膜覆盖，促进早萌芽，早生长。

（2）适时嫁接。嫁接时间一般从 5 月下旬开始，最晚需在 6 月中旬结束。嫁接时地面 15 厘米处砧木苗粗度应达到 0.6 厘米以上。可采用 T 形芽接或带木质部芽接。

（3）加强管理。为促进嫁接芽的萌发，嫁接后在接芽上方留 3 片叶立即剪砧，待接芽萌发后紧贴接芽剪砧。对于接芽下方保留有 6～7 片完好叶片的，嫁接后即可剪砧。及时除去砧木萌蘖。接芽大量萌发后，隔 10～15 天浇 1 次水，进行松土除草。进入雨季后，应及时排水防涝，防止根腐病发生。结合松土除草，追施尿素，9～10 月叶面喷施磷酸二氢钾 2～3 次，促使苗木上芽子饱满。

**7. 嫁接苗管理**　芽接后 10～15 天检查成活率，未成活的进行补接。若培育一年生苗，芽接成活后，及时剪砧除萌。芽接成活苗于翌春发芽前在接芽上方 0.5 厘米处剪砧，促其接芽萌发，砧木及时除萌。早春剪砧后，追施尿素 15～20 千克/亩，并及时浇水、保墒。8～9 月喷施 300 倍磷酸二氢钾水溶液 1～2 次。及时防治蚜虫、螨类、潜叶蛾、金龟子和白粉病等苗木病虫害。

## 四、出　　圃

在苗木落叶至土壤封冻前或翌春土壤解冻后至萌芽前出圃。如土壤干旱，挖苗前应先浇水，再挖苗。挖苗时需距苗木 20 厘米以上的距离挖掘，尽量使根系完整。注意当天挖苗后，应在当天或翌日进行假植，防止苗木失水。

## 五、苗木假植、包装和运输

**1. 假植**　临时假植时，苗木应在背阴干燥处挖假植沟，将苗木根部埋入湿沙中进行假植。越冬假植，假植沟挖在防寒、排水良好的地方，苗木散开后，将苗木的 2/3 埋入湿沙中，及时检查温湿度，防止霉烂。假植沟应有坡度，从高一侧开始埋苗，依次往低处理，最低处不放苗，观察沟内水分情况。可以防止沟内水分过多，造成根系霉烂。

**2. 包装**　外运苗木每 50 株一捆或根据用户要求进行保湿包装。苗捆应挂标签，注明品种、苗龄、等级检验证号和数量。

**3. 运输**　苗木在汽车长途运输时，在运输前苗木需蘸泥浆，一般需盖防风棚布，途中可运 2～3 天。火车运输时，需用蒲包、草袋、塑料布或编织袋等将苗木包装好，以防苗木途中失水或磨损。在气候寒冷时，不易长途运输苗木，以免根系受冻。另外，长途运输苗木时，必须有检疫证明。

# 第四章
## 整形修剪

整形就是使桃树具有一定的树体形状和骨架结构，能够合理利用空间，充分利用光能，达到优质、高产和稳产的目的。整形是通过修剪技术完成的。

修剪是调控桃树的生长和结果，使其符合桃树生长发育的习性、栽培方式和栽培目的的需要。通过修剪可维持桃树的树体结构，使树体保持中庸状态，培养出最佳的结果枝组和结果枝，达到早果、丰产、稳产、优质、降低成本和延长结果年限的目的。

### （一）整形修剪的意义

**1. 合理的树形，利于充分利用空间** 定植后如不整形，任其生长，则树体高大，结构混乱，树冠郁闭，结果部位外移，平面结果，产量低。如应用合理的树形，可使树体矮化，枝条配置合理，立体结果，避免结果部位外移、偏冠等，还有利于进行栽培管理，如喷施农药、疏花疏果和果实采收等。

**2. 控制旺长，促使早结果** 桃树幼树营养生长占主导地位，枝条直立，生长旺盛。通过合理修剪，可使树势缓和，增加枝量，易于快速形成丰产结构，提早进入丰产期。

**3. 调整生长与结果的矛盾，保持树势中庸** 桃树生长和结果是一对矛盾，如处理不好，不是营养生长过旺，产量低，就是营养生长太弱，结果过多，这两种情况都不能获得高产和优质。通过修剪，使得生长与结果达到协调一致，树势始终处于中庸状态。

**4. 提高果实质量** 桃树对光照极为敏感，所以光照是影响果实质量的重要因子。光照好的果实，着色鲜艳，含糖量高，香味浓，硬度大，品质佳。因此，在果实着色期间的夏季修剪非常重要。

**5. 防止树体衰老，延长经济寿命** 桃树花芽形成容易，坐果率高，如不进行修剪，会导致坐果过多，严重削弱树势，缩短经济寿命，重者死亡。

## （二）整形修剪的原则

**1. 因树修剪，随枝作形** 把桃树整成合理的树体形状，有利于实现高产和优质。但是每株树上枝条的位置、角度和数量各不相同，比如三主枝在主干上的位置不同，不同主枝上的侧枝在主枝上的着生位置也不完全一样，这就需要根据具体情况灵活掌握。

**2. 冬夏剪结合，以夏季修剪为主** 桃树有早熟芽，易发生副梢，如不及时修剪，导致树冠内枝量过大、郁闭、不通风透光。因此，除了进行冬季修剪外，应强调在生长期进行多次修剪，及时剪除过密和旺长枝条。

**3. 主从分明，树势均衡** 保持主枝延长枝的生长优势，主枝的角度要比侧枝小，生长势比侧枝强。如果骨干枝之间长势不平衡，就不能充分利用空间，产量低，要采取多种手段，抑强扶弱，达到各骨干枝均衡生长的目的。

**4. 密株不密枝，枝枝见光**  虽然桃树可以密植，单位土地面积的株数可以增加，但单位土地面积的枝量应保持合理、枝枝见光，只有这样才能保证有健壮的结果枝。骨干枝是结果枝的载体，骨干枝过多，必然导致结果枝少，产量低。因此，在较密植的桃园中，要适当减少骨干枝的数量。

## （三）整形修剪的依据

**1. 品种特性**  桃树品种不同，其萌芽力、发枝力、分枝角度、成花难易、坐果率高低等生长结果习性也各不相同，要依据不同品种类型特点进行整形修剪。对于树姿开张、长势弱的品种，整形修剪应注意抬高主枝的角度；树姿直立、长势强的品种，则应注意开张角度，缓和树势。

**2. 树龄和生长势**  桃树不同的年龄时期，生长和结果的表现不同，对整形修剪的要求也不同。幼树期和初结果期树体生长旺盛，以缓和生长势，修剪量宜轻，结果枝可以长放。盛果期修剪的主要任务是保持树势健壮生长，以延长盛果期的年限。盛果期后期生长势变弱，应缩小主枝开张角度，并多进行短截和回缩，以增强枝条的生长势。

**3. 修剪反应**  不同的桃树品种，其主要结果枝类型和长度不同，枝条剪截后的修剪反应也不相同。以长果枝结果为主的品种，其枝条生长势强，采用短截后，仍能萌发具有结果能力的枝条。以中短果枝结果为主的品种，则需轻剪长放，以培养中短果枝，才能多结果。

**4. 栽培方式**  露地栽培的中密度和较稀植的桃树，生长空间较大，应采用三主枝开心形，使树冠向四周方向伸展。对于密植栽培或设施栽培的桃树，由于空间有限，宜采用两主枝开心形、纺锤形或主干形为宜。

**5. 肥水条件**  对于土壤肥沃、水分充足的桃园，宜以轻剪为主，反之应进行适度重剪。

# 二、树体结构

地上部分可分为两大部分，即主干和树冠。

主干是指根颈（地表以上）到第一主枝分枝处之间的树干。主干的选留长短，由所选品种、树形和株行距而定，一般定干高度为 60～80 厘米，主干高度为 40～50 厘米。

树冠由骨干枝、辅养枝和结果枝组构成。

## （一）骨干枝

骨干枝包括主枝和侧枝。

**1. 主枝**　主枝的数目因不同树形而不等。纺锤形和主干形没有主枝，直接着生结果枝组或结果枝。

**2. 侧枝**　在主枝上选角度、方向合适的枝条培养成侧枝，侧枝的数目因树形而异。一般三主枝和株距较大的二主枝上有侧枝，树体越大，侧枝越多。株距小的二主枝 Y 形上基本也没有侧枝。侧枝的角度要大于主枝，生长势要弱于主枝，在树体结构上形成层次。侧枝是结果枝组的载体。

## （二）辅养枝

辅养枝实际上是临时性结果枝组，其作用是辅助主枝、侧枝乃至整个树体的生长。在幼树整形期间，枝量大，幼树生长快，所以除主枝、侧枝之外，保留几个辅养枝，以增加营养面积，加速树冠的扩大。但辅养枝不能喧宾夺主，如果辅养枝的生长影响主枝的生长，就要逐渐回缩辅养枝，随着主、侧枝逐年长大，辅养枝逐年缩小，3 年之内将辅养枝疏除。不宜留大的辅养枝。

### （三）结果枝组

结果枝组是树冠中最主要的部分，它着生在主、侧枝上面，是由徒长性果枝和较粗壮的长果枝培养而成，有大、中、小之分，大、中和小型结果枝组分别长 80 厘米、60 厘米和 40 厘米左右，结果枝组上面着生各种结果枝，结果枝组有一定的位置、角度和方向，结果枝组的生长势与主枝、侧枝保持一定的从属关系。结果枝组本身有带头枝，其上面的结果枝与带头枝形成从属关系。

## 三、修剪的主要方法及效应

### （一）冬季修剪的主要方法及效应

冬季修剪一般在落叶后到萌芽之前进行。主要有短截、疏枝、回缩和长放 4 种方法。

**1. 短截**  短截是把一年生枝条剪短（图 4-1）。

（1）短截的目的。集中养分抽生新梢和坐果，增加分枝数目，以保证树势健壮和正常结果。

（2）短截的对象。常用于骨干枝延长枝修剪、培养结果枝组和结果枝修剪等。

（3）短截的类型。按短截的长度又可分为 5 种。

①中短截。在一年生枝的中部短截，短截后，在坐果的同时还可萌发新梢，萌发的顶端新梢长势强，下部长势弱。

②重短截。截去一年生枝的 2/3。剪后萌发枝条较强壮，一般用于主、侧枝延长头和长果枝修剪，以及培养结果枝组。

③重剪。截去一年生枝的 3/4～4/5。剪后萌发枝条生长势强壮，常用于发育枝作延长枝头、长果枝和中果枝的修剪，

主要用于更新。

④极重短截。截去一年生枝的 4/5 以上。剪后萌发枝条中庸偏壮，常用于将发育枝和徒长枝培养结果枝组，或用于更新。

⑤留基部 2 叶芽剪。剪后萌发枝条较旺盛，常用于预备枝的修剪。

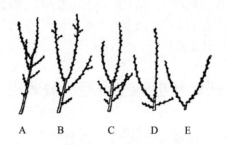

图 4-1　一年生枝短截反应
A. 剪去 1/2　B. 剪去 2/3　C. 剪去 3/4～4/5
D. 剪去 4/5 以上　E. 留基部 2 叶芽剪

（4）影响短截效果的因素。主要因素有两个：一是剪口芽的饱满度，二是剪留长度。从饱满芽处剪截，由于饱满芽分化质量高，剪后长势强，可以促发抽生较强壮的新梢。剪口留瘪芽，长势弱，一般只抽生中短枝。短截越重，对侧芽萌发和生长势的刺激越强，但不利于形成高质量结果枝。有时短截过重，还会出现削弱生长势的现象。短截越轻，侧芽萌发越多，生长势弱，枝条中、下部易萌发短枝，较易形成花芽。适宜的剪留长度与结果枝粗度有关，对于枝条较粗者，宜进行轻短剪，应剪留长一些，反之则短些。但对短果枝、花束状果枝不宜进行短截。单花芽多的品种少短截。

（5）短截的应用。短截的轻重应视树龄、树势和修剪目的确定。对于幼龄树，树势较旺，以培养良好而牢固的树形结构和提早结果为主要目的，对于延长枝要进行短截，其他结果枝一般以轻短截为主。从始果期到盛果期，主要是让桃树多结果，并形成良好的树体结构。所以当有大量结果枝时，应采取适度短截和疏枝相结合的方法。进入衰老期的树，树势逐渐衰弱，产量逐年下降，修剪时要从恢复树势着眼，适当增加短截程度，剪口处留壮芽，以促进其萌发新梢，使树势复壮和继续形成结果枝。

**2. 疏枝** 疏枝是指将枝条从基部剪除（图 4-2），可以是一年生枝，也可以是多年生枝。

（1）疏枝的对象。树冠上的干枯枝、不宜利用的徒长枝、竞争枝、病虫枝、过密的轮生枝、交叉枝和重叠枝等。

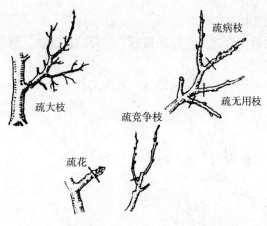

图 4-2 疏 枝

（2）影响疏枝效果的因素。疏枝对树体的影响与疏除的枝条数量、性质、粗度和生长势强弱有关。疏除强枝、粗枝或多年生大枝，常会削弱剪口以上枝的生长势，而对剪口以下的枝有促进生长的作用。疏除发育枝可减少枝叶量，同时减少光合产物和根系的生长量。而疏除花芽较多的结果枝，则可以增加枝叶量和光合产物，并促进根系生长。总体来说，多疏枝有削弱树势、控制生长的作用。因此，对生长过旺的骨干枝可以多疏壮枝，对弱骨干枝可以多疏除花芽，促进向营养生长转化，以达到平衡生长与结果的目的。

（3）疏枝的应用。树龄和树势不同，疏枝的程度亦不同。幼树宜轻疏，以利形成花芽，提早结果，也可以通过拉枝或长放代替疏枝。进入结果期以后，疏除枝头上竞争枝，内膛里的密生枝，并适度疏除结果枝。进入衰老期，短果枝增多，应多疏除结果枝，促进营养生长，维持树势平衡。

**3. 回缩**　回缩是对多年生枝的短截（图4-3）。

（1）回缩的对象。主枝、侧枝、辅养枝和结果枝组。

（2）回缩的目的。

①调整树体生长势。

②改善树冠光照，更新树冠，降低结果部位，调节延长枝的开张角度。

③控制树冠或枝组的发展，充实内膛，延长结果年限。

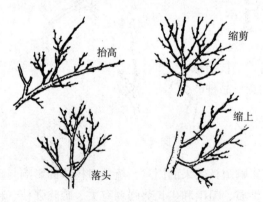

图4-3　回　缩

（3）影响回缩效果的因素。回缩后的反应强弱则取决于剪口枝的强弱。剪口枝如留强旺枝，则剪后生长势强，有利于更新和恢复树势。剪口枝如留弱枝，则生长势弱，多抽生中短枝，利于成花结果。剪口枝长势中等，剪后也会保持中庸，多促发中、长果枝，既能生长，又能结果。

（4）回缩的应用。当主枝、侧枝、辅养枝或结果枝组延伸过长，影响其他枝生长时，进行回缩。当主枝、侧枝、辅养枝或结果枝组角度太低并开始变弱时，进行回缩，可以回缩到直立枝上，抬高角度，以增强其生长势。对于过高的结果枝组要进行及时回缩，以抑制其生长势。

**4. 长放** 长放是对一年生枝不实施短截、疏枝等，任其生长。

（1）长放的对象。在疏枝和回缩修剪完成后，树体留下的各种一年生结果枝和营养枝，均可视为长放修剪，但一般长放指的是对一年生长果枝和营养枝。直立生长的粗壮长果枝一般不长放。

（2）长放的目的。长果枝长放可以缓和生长势，在结果的同时，还形成适宜的结果枝，或只为形成适宜的结果枝，以备第二年结果。另外，长放可以提高坐果率和提高品质。长放必须和疏果相结合。

（3）长放的应用。对幼旺树适当枝条进行长放，可以缓和树势。以长果枝结果的品种，应选留适当数量的长果枝进行长放。对无花粉品种的长果枝进行长放，培养出适宜结果的中短果枝。

**5. 修剪方法的综合运用** 冬季修剪是短截、回缩、疏枝和长放4种方法的综合运用。通过修剪使树体达到中庸状态是冬季修剪的主要目的。何时应用哪种方法，用到什么程度，是一个非常灵活的操作过程。对于同一株树，不同的人有不同的修剪方法。对于骨干枝的处理应是基本一致，对于结果枝往往不同。一般对于幼树和偏旺的树，多采用疏枝和长放，而对于较弱或衰老树多采用短截与回缩的方法。

## （二）夏季修剪的方法及技术

夏季修剪一般从萌芽到落叶之前进行，又叫生长期修剪。夏季修剪主要有抹芽、摘心、疏枝、回缩和拉枝5种方法。

**1. 夏季修剪方法**

（1）抹芽。抹芽一般是在萌芽至生长到5厘米之前进行。抹掉树冠内膛多余的徒长芽和剪口下的竞争芽及萌蘖（图4-4）。

图4-4　桃树的抹芽

（2）摘心。摘心是剪去正在生长新梢顶端的幼嫩部分（图4-5），相当于冬季修剪一年生枝的短截。

①摘心的对象。对预培养的骨干枝枝头、保留下来的锯剪口处长出的新梢和光秃部位长出的新梢，通过摘心增加分枝，可培养成结果枝组。

②摘心的时间。要想使摘心后长成的副梢能形成良好的结果枝，摘心时间应在5月上中旬至6月底进行，摘心过晚，形成的花芽质量差。

③影响摘心效果的因素。要依据不同的目的进行摘心，摘心的程度、位置和时间均可影响摘心的效果。如果对新梢进行重摘心，分枝位置较低，长出的新梢较旺。如果空间较大，可以在较高处摘心。

（3）疏枝。疏枝是将多年生枝或新梢从基部疏除。疏除枝头附近的竞争枝、背上枝，树冠内膛旺枝，密生枝及过多的副梢等。

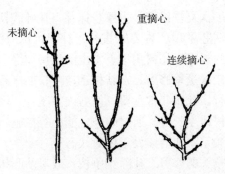

图 4-5　桃树的摘心

（4）回缩。生长季可以将过长、过高及过低的骨干枝或结果枝组进行回缩。夏季修剪的回缩不易太重，否则会刺激回缩部位的新梢上芽子萌发。

（5）拉枝。6～9月要对直立的骨干枝进行拉枝，以开张角度。用绳索把枝条拉向所需要的方向或角度，拉枝时要活套缚枝或垫上皮垫，以免勒伤枝条。

**2. 夏季修剪几种方法的综合运用**

（1）修剪程度。夏季修剪应少量多次，一般每月1次，每次修剪量不要过大。合理的夏季修剪会达到预期的目的，如果太重，将会刺激剪口及附近芽子萌发，生长出一些小细枝，不能形成花芽或花芽质量较差。如果修剪太轻，达不到应有的效果。一般前期修剪程度适当轻一些，后期（8月中旬以后）可以适当重一些，因为已到后期，气温已下降，新梢已停止生长，重修剪一般不会再度刺激生长。

（2）综合运用。夏季修剪也是将5种方法的综合运用，运用好，树势中庸，通风透光，适宜结果枝多，花芽分化好，果实品质优良。

**3. 夏季修剪技术**　我国北方桃园一般每月进行1次夏季修剪。

（1）第一次夏季修剪。主要是抹芽，在叶簇期（石家庄在4月下旬，即花后10天左右）进行。抹芽可抹双芽，留单芽，抹除剪锯口附近或近幼树主干上发出的无用枝芽。

（2）第二次夏季修剪。在新梢迅速生长期（石家庄在5月中下旬）进行。此次非常重要。修剪内容是：

①调整树体生长势。通过疏枝、摘心等措施，调整生长与结果的平衡关系，使树体处于中庸状态。

②延长枝头的修剪。疏除竞争枝，或对幼旺树枝头进行摘心处理。

③徒长枝、过密枝及萌蘖枝的处理。采用疏除和摘心的方法。对于无生长空间的，从基部疏除。对于树体内膛光秃部位长出的新梢，在其适当的位置进行摘心促发二次枝，培养成结果枝组。疏除背上枝时，不要全部去光，可适当留一个新梢，将其压弯并贴近主枝向阳面，或者基部留20厘米短截，作为"放水口"，并可以防止主干日烧。

（3）第三次夏季修剪。在6月下旬至7月上旬进行。此次主要是控制旺枝生长。对骨干枝仍按整形修剪的原则适当修剪。对竞争枝、徒长枝等旺枝，在上次修剪的基础上，疏除过密枝条，如有空间，可留1～2个副梢，剪去其余部分。对树姿直立的品种或角度较小的主枝，进行拉枝，开张角度。

（4）第四次夏季修剪。在7月底至8月上中旬进行。主要任务是疏枝，对已采收的品种，如结果枝组过长，可以疏除或回缩。将原来没有控制住的旺枝从基部疏除。新长出的二、三次梢，根据情况选留，并疏除多余新梢。对角度小的骨干枝进行拉枝。此期可以延迟到8月下旬以后进行，这时可以适当修剪重一些，修剪量可以适当大一些。

**4. 南方桃树夏季修剪的特点**

（1）南方桃树生长特性。南方地区夏季温度高、湿度大，树体生长旺，易造成树冠郁蔽。一些油桃品种更是树势强、长势旺、枝梢生长量大，如不及时控制，将会出现营养生长过旺，花芽分化质量差，影响坐果。南方桃产区，早熟桃品种雨花露一般于5月底至6月初成熟，果实采收后，仍处于高温多雨季节，树体营养转向新梢生长，一个生长季主枝延长枝可抽生1.0米以上，其上还抽生二、三次枝，有的二次枝长达0.8米以上。因此，全树往往出现枝条过密、徒长、交叉重叠。

（2）南方桃树夏季修剪。南方桃树夏季修剪主要是解决光照问题，使树冠各部位通风透光，避免内膛和下部枝条因光照不良而枯死。同时要促进营养合理分配。

南方地区夏季修剪应分多次进行，修剪次数不应少于北方桃园。一次修剪量不宜太重，应分多次进行，原则上不进行重截。

一般在3月，疏去冬剪伤口附近的徒长枝，之后要随时剪去树冠上部的过密枝条，增加透光度，避免内膛的结果枝因郁闭而枯死，也防止树冠因过于郁闭而易于感病。果实采收后，及时修剪，主要是剪除和回缩过长的结果枝、徒长枝、过密枝和病虫枝等。到8～9月还应继续修剪，保证光照充足。

及时疏除树冠外围和内膛的直立旺枝和过密枝，做到上部枝头枝条少而小，内膛枝条少，中部枝量较大，基部枝量小，使各部位枝条错落有致，通风透光。幼树采用拉枝和拿枝等方法，开张主枝角度。

除了以疏枝为主外，也可采用多次摘心的方法，对于长到15厘米的新梢，进行摘心，可以有效控制枝梢旺长，提高结果枝和花芽质量。

# 四、丰产树形的树体结构

## （一）二主枝 Y 形

二主枝 Y 形适于露地密植和设施栽培，容易培养，早期丰产性强，光照条件较好，是目前提倡应用和推广的主要树形。主枝上直接着生大型结果枝组，生长前期可以有中型和小型枝组。二主枝 Y 形的结构见表 4-1 和图 4-6。

表 4-1　桃树二主枝 Y 形树体结构

| | | |
|---|---|---|
| 树高 | | 3.5～4.0 米 |
| 干高 | | 40～60 厘米 |
| 主枝 | 数量 | 2 个 |
| | 延伸方式 | 波浪曲线延伸 |
| | 分布 | 第一主枝朝东，第二主枝朝西 |
| | 距离 | 第一主枝距第二主枝 15～20 厘米 |
| | 角度 | 两主枝夹角 60°～80° |
| 结果枝组 | 数量 | 每个主枝上着生结果枝组 4～5 个 |
| | 分布 | 第一大型结果枝组距主干 60 厘米，第二大型结果枝组距第一大型结果枝组 60 厘米 |
| | 角度 | 侧枝要求留背斜枝，角度较主枝大 10°，大型结果枝组与主枝夹角 60°～70°，夹角大易交叉，夹角小，通风透光差 |
| | 大小 | 大型结果枝组长 100 厘米 |
| | | 中型结果枝组长 60～80 厘米 |
| | | 小型结果枝组长 30 厘米 |
| | 同方向枝组间距 | 大型枝组 80 厘米 |
| | | 中型枝组 50 厘米 |
| | | 小型枝组配置在大、中枝组的空间 |
| | 形状 | 圆锥形为好 |
| | 排列 | 大型枝组在主枝两侧 |
| | | 中型枝组在主枝两侧，或安插在大型枝组之间，可以长期保留或改造疏除 |
| | | 小型枝组在主枝两侧、背后及背上均可，有空则留，无空则疏 |
| | | 在主枝上的配置，是两头稀中间密，顶部以中、小型为主，基部和中部以大、中型为主 |

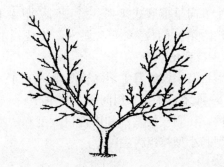

图 4-6　桃树二主枝 Y 形树体结构

## （二）三主枝开心形

三主枝开心形骨架牢固、树冠较大，树体易于培养和控制、光照条件好和丰产稳产。树形培养较慢（图 4-7）。

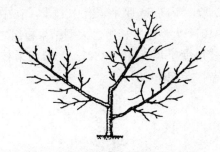

图 4-7　桃树三主枝开心形树体结构

主枝：树高 2.5～3.5 米，干高 40～60 厘米，全树 3 个主枝，波浪曲线延伸。第一个主枝最好朝北，第二主枝朝西南，第三个主枝朝东南。如是山坡地，第一主枝选坡下方，第二和第三主枝在坡上方，提高距离地面的高度。第一主枝距第二主枝及第二主枝距第三主枝均为 15 厘米，三个主枝角度均为40°～45°。

侧枝：每主枝 2 个侧枝，第二侧枝着生在第一个侧枝对面，并顺一个方向呈推磨式排列。第一侧枝距主干50～60厘米，第二侧枝距第一侧枝40～50厘米。侧枝较主枝大10°～15°。侧枝与主枝夹角60°～70°。

结果枝组：结果枝组着生于侧枝两侧。在同一方向上大枝组间距50～60厘米，中型枝组间距30～40厘米。各种枝组的形状为圆锥形，在侧枝的基部和中部以大型和中型枝组为主，在顶部以中型和小型枝组为主。

### （三）纺锤形

纺锤形适于设施栽培和露地高密栽培。光照好，树形的维持和控制难度较大，需及时调整上部大型结果枝组的生长势，切忌上强下弱。在露地栽培条件下，无花粉、产量低的品种及早熟品种不适合培养成纺锤形。

树高2.5米，干高50厘米。有中心干，在中心干上均匀排列着生8～10个大型结果枝组。大型结果枝组之间的距离是30厘米。主枝角度平均在70°～80°。大型结果枝组上直接着生小枝组和结果枝（图4-8）。

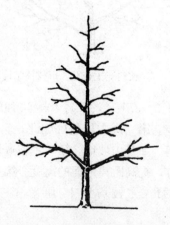

图4-8　桃树纺锤形树体结构

### （四）主干形

主干形是高光效高产树形，适于设施栽培和露地密植栽培。主干 50 厘米，树高 2.5 米左右，有一个强健的中央领导干，其上直接着生 30～60 个长、中、短果枝。果枝的粗度与主干的粗度相差较大。树冠直径小于 1.5 米，围绕主干结果，受光均匀，果个大。主干形桃树成形快，修剪量少，花芽质量好，横向果枝更新容易。该树形的修剪应采用长枝修剪技术，一般不进行短截。在露地栽培条件下，应选用有花粉、丰产性强的中晚熟品种。早熟品种采收后仍正值高温高湿季节，由于没有果实的压冠作用，新梢生长量大，难以有效控制。无花粉品种如在花期遇不良气候，会影响坐果率，果少易导致营养生长过旺，树体上部直立枝和竞争枝多，适宜结果枝少。

# 五、幼树整形及修剪要点

## （一）夏季修剪和冬季修剪在整形中的应用

桃树幼树的整形修剪主要以整形为主，夏季修剪与冬季修剪相结合，以夏季修剪为主。

**1. 夏季修剪** 整形主要是培养骨干枝（主枝和侧枝等）。夏季修剪主要是对延长枝摘心和控制延长头附近的竞争枝和徒长枝。及时疏除内膛过密枝。同时要注意培养结果枝组。

**2. 冬季修剪** 冬季修剪是在夏季修剪的基础上进行的。

（1）主枝。对延长头进行较重短截，疏除与枝头竞争的直立枝和过密枝。

（2）侧枝。对预培养成侧枝的粗壮枝条要进行中度短截，以增强其生长势，并促发枝条，培养成侧枝。

（3）结果枝组。通过短截、长放等方法，培养各种类型的结果枝组，尤其是大型结果枝组。

（4）辅养枝。有空间就留，让其生长或结果，无空间就疏去，或回缩。

## （二）不同树形的整形过程

**1. 二主枝 Y 形**

（1）整形。苗木定植后在 50～70 厘米处定干。萌芽后主干上部 20 厘米内的整形带内留 3～4 个方向不同的新梢。当新梢长到 50 厘米时，轻摘心促发二次枝，调整延伸方向和角度，其余新梢可采取重摘心或拿枝等，保持两主枝迅速生长。同时可对两主枝进行立杆绑缚，以固定方向。

（2）一至四年生冬剪。主枝在饱满芽处中短截（一般剪留长度 50～60 厘米），疏除背上直立旺枝，留两侧枝条，并培养大型结果枝组，大型枝组相距 50 厘米。同时培养一些中型和小型结果枝组。结果枝以保留和长、中果枝为主，长果枝间距大于 20 厘米。

（3）夏剪。4～8 月进行 3～4 次夏剪，疏除背上直立旺枝和树冠内过密枝。对主枝和大型结果枝枝头进行摘心。

**2. 三主枝开心形**　成苗定干高度为 60～70 厘米，剪口下 20～30 厘米处要有 5 个以上饱满芽作整形带。第一年选出 3 个错落的主枝，任何一个主枝均不要朝向正南。第二年在每个主枝上选出第一侧枝，第三年选出第二侧枝。每年对主枝延长枝剪留长度 40～50 厘米。为增加分枝级次，生长期可进行两次摘心。生长期用拉枝等方法，开张角度，控制旺长，促进早结果。四年生树在主、侧枝上要培养一些结果枝组和结果枝。为了快长树、早结果，幼树的冬季修剪以轻剪为主。

**3. 纺锤形**　成苗定干高度 80～90 厘米，在以下 30 厘米内合适的位置培养第一主枝（位于整形带的基部，剪口往下 25～30 厘米处），在剪口下第三芽培养第二主枝。用主干上发出的副梢选留第三、四主枝。各主枝螺旋状上升排列，相邻主枝间间距 30 厘米左右。第一年冬剪时，所选留主枝尽可能长，一般留 80～100 厘米。第二年冬剪时，下部选留的第一至四主枝不再短截延长枝，上部选留的主枝一般也不进行短截。主枝开张角度 70°～80°。一般 3 年后可完成 8～10 个主枝的选留。

**4. 主干形** 第一年成苗定植后不定干，如苗木上副梢基部有芽的，可直接将其疏除，基部没芽的可将副梢留一个芽重短截，一般当年可在主干上直接发出 10～15 个横向生长的新梢。对顶端新梢上发出的二次副梢，也应注意加以控制，以防止对中央干延长头产生竞争。当年冬季修剪一般仅采用疏枝与长放两种方法。对于适宜结果枝不进行短截，利用其结果。疏除其他不适宜的结果枝，对中心干延长头进行短截，并疏除其附近的结果枝。一般当年选留 5～10 个结果枝，数量因树体大小而异。

第二年生长季整形修剪主要任务是培养直立粗壮的主干，形成足够的优良结果枝。一般情况下，第二年树体高度可以达到 2.5 米，已有 30 个以上结果枝。第二年冬季修剪主要任务是控制主干延长头，一般不短截，可在顶部适当多留细弱果枝，以果压冠，并疏除粗枝。树体达到高度后，一般修剪后全树应留 20～35 个结果枝。

# 六、初结果期和盛果期桃树冬季修剪

初结果期主要任务是继续完善树形，培养骨干枝和结果枝组。盛果期树的主要任务是维持树势，调节主侧枝生长势的均衡和更新枝组，防止早衰和内膛空虚。盛果期树的修剪同样是夏季修剪与冬季修剪相结合，两者并重。

## （一）骨干枝的修剪

**1. 主枝的修剪** 盛果初期延长枝应以壮枝带头，剪留长度在 30 厘米左右。并利用副梢开张角度，减缓树势。盛果后期，生长势减弱，延长枝角度增大，应选用角度小、生长势强的枝条以抬高角度，增强其生长势，或回缩枝头刺激萌发壮枝。

**2. 侧枝的修剪** 随着树龄的增长，树冠不断扩大，侧枝伸展空间受到限制，由于结果和光照等原因，下部侧枝衰弱较早。修剪时对下部严重衰弱、几乎失去结果能力的侧枝，可以疏除或回缩成大型枝组。对有生长空间的外侧枝，用壮枝带头。此期仍需调节主、侧枝的主从关系。

## （二）结果枝组的修剪

**1. 结果枝组的重要性** 结果枝组是结果枝的载体，结果枝是果实的载体。如果树冠内不同大小结果枝组在主枝或侧枝上分布合理，有以下好处。

（1）产量高。由于形成立体结果，在同样的树冠内，有较多的结果枝，也就有较多的果实。

（2）品质好。结果枝分布合理，树冠内通风透光，果实着色好，内在品质和外在品质均好。

（3）结果部位不易外移。结果位置稳定，结果枝组和树势中庸，经济寿命延长。

**2. 结果枝组的修剪要点** 培养大型、中型和小型枝组是修剪中重要内容。在修剪中，要尽早培养结果枝组，并对结果枝组不断进行更新复壮，使之处于中庸状态。

对结果枝组的修剪以培养和更新为主，对细长弱枝组要更新，回缩并疏除基部过弱的小枝组，膛内大枝组出现过高或上强下弱时，轻度缩剪，降低高度，以结果枝当头。枝组生长势中庸时，只疏强枝。侧面和外围生长的大中枝组弱时缩，壮时放，放缩结合，维持结果空间。

各种枝组在树上均衡分布。三年生枝组之间的距离应在

20～30 厘米，四年生枝组距离为 30～50 厘米，五年生为 50～60 厘米。

可以通过疏枝、回缩调整枝组之间的密度，使之由密变稀，由弱变强，更新轮换。保持各个方位的枝条有良好的光照，尤其是内膛枝，防止结果部位外移。

**3. 徒长枝的合理利用**　徒长枝是指桃树上生长过于旺盛的枝条，枝条长而粗，多为直立，有的抽生二、三次枝。

如果空间大且缺枝，应将徒长枝拉平在缺枝空间，可使其当年开花结果，并在基部生长出良好的结果枝，翌年回缩短截培养成大型结果枝组。

如果空间不太大，但是缺枝，留 20～30 厘米短截，待翌年春季萌芽后，通过扣头、挖心、留平，将徒长枝培养成为中型枝组。

如果徒长枝 20～30 厘米处有分枝，并且生长良好，可回缩到分枝处，培养成枝组。

## （三）长枝修剪技术（结果枝的修剪）

**1. 长枝修剪技术及优点**　长枝修剪技术是一种基本不使用短截且仅采用疏枝、回缩和长放的修剪技术。由于基本不短截，修剪后的一年生枝的长度较长（结果枝平均长度一般在 30～50 厘米），故称为长枝修剪技术。长枝修剪技术具有操作简单、节省修剪用工、冠内光照好、果实品质优良、利于维持营养生长和生殖生长的平衡、树体容易更新等优点，已得到广泛的应用，并取得了良好的效果。

**2. 长枝修剪技术要点**　长枝修剪以疏枝、回缩和长放为主，基本不短截。对于衰弱的枝条，可进行适度短截。

（1）疏枝。主要疏除直立或过密的结果枝组和结果枝。对于以长果枝结果为主的品种，疏除徒长枝、过密枝及部分短果枝、花束状果枝。对于中、短果枝结果的品种，则疏除徒长枝、部分粗度较大的长果枝及过密枝，中、短果枝和花束状果枝要尽量保留。

（2）回缩。对于二年生以上延伸较长的枝组进行回缩。

（3）长放。对于疏除与回缩后余下的结果枝大部分采用长放的方法，一般不进行短截。

①长放结果枝长度。以长果枝结果为主的品种，主要保留30～60厘米的结果枝，小于30厘米的果枝原则上大部分疏除。以中、短果枝结果的无花粉品种和大果形、梗洼深的品种，如八月脆、早凤王、仓方早生等，保留20～30厘米的果枝及大部分健壮的短果枝和花束状果枝用于结果，另外保留部分大于30厘米的结果枝，用于更新和抽生中、短果枝，用于第二年结果。

②长放结果枝留枝量。主枝（侧枝、结果枝组）上每15～20厘米保留一个长果枝（30厘米以上），同侧长果枝之间的距离一般在30厘米以上。对于盛果期树，以长果枝结果为主的品种，长果枝（大于30厘米）留枝量控制在4 000～5 000个/亩，总枝量小于10 000个/亩。以中、短果枝结果的品种，长果枝（大于30厘米）留枝量控制在2 000个/亩以下，总果枝量控制在12 000个/亩以下。生长势旺的树留枝量可相对大一些，而生长势弱的树留枝量小一些。另外，如果树体保留的长果枝数量多，总枝量要相应减少。

③长放结果枝角度。所留长果枝应以斜上、水平和斜下方为主，少留背下枝，尽量不留背上枝。结果枝角度与品种、树势和树龄有关。直立的品种，主要留斜下方或水平枝，树体上部应多留背下枝。对于树势开张的品种，主要留斜上枝，树体上部可适当留一些水平枝，树体下部选留少量背上枝。幼年树，尤其是树势直立的幼年树，可适当多留一些水平枝及背下枝。

（4）结果枝的更新。长枝修剪中结果枝的更新有两种方式。

①利用长果枝基部或中部抽生的更新枝。采用长枝修剪后，果实重量和枝叶能将一年生枝压弯、下垂，枝条由顶端优势变成基部背上优势，从基部抽生出健壮的更新枝（图4-9）。冬剪时，对以长果枝结果的品种，将已结果的母枝回缩到基部健壮枝处更新，如果母枝基部没有理想的更新枝，也可以在母枝中部选择合适的新枝进行更新。对以中、短果枝结果的品种，则利用中、短果枝结果，保留适量长果枝仍然长放，多余的疏除。

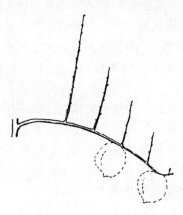

图4-9　长枝修剪更新枝

②利用骨干枝上抽生的更新枝。由于长枝修剪树体留枝量少，骨干枝上萌发新枝的能力增强，会抽生出一些新枝。如果在主枝（侧枝）上着生结果枝组的附近已抽生出更新枝，则可对该结果枝组进行整体更新。

（5）适宜长枝修剪技术的品种。适宜长枝修剪技术的品种有以下4类。

①以长果枝结果为主的品种。对于以长果枝结果为主的品种，可以采用长枝修剪技术，疏除竞争枝、徒长枝和多余的短果枝和花束状果枝，适当保留部分健壮或中庸的长果枝，并进

行长放，结果后以果压冠，前面结果，后面长枝，每年更新。适宜品种如大久保等。

②以中、短果枝结果的无花粉品种。大部分无花粉品种在中、短果枝上坐果率高，且果个大，品质好。先对长果枝长放，促使其上抽生出中、短枝，再利用中、短果枝结果。如深州蜜桃、丰白、仓方早生和安农水蜜等。

③大果型、梗洼深的品种。大果型品种大都具有梗洼深的特点，适宜在中、短果枝结果。如在长果枝坐果，应保留结果枝中上部的果实，在生长后期，随着果实增大，梗洼着生果实部位的枝条弯曲进入梗洼内，不易被顶掉，如中华寿桃等。如果在结果枝基部坐果，果实长大后，由于梗洼较深，着生果实部位的枝条不能弯曲，便被顶掉，或者果个小，易发生皱缩现象。

④易裂果的品种。一般易裂果的品种，如在长果枝基部坐果会加重裂果。利用长枝修剪，让其在长果枝中上部结果，当果实长大后，便将枝条压弯、下垂，这时枝条和果实生长速度缓和，减轻裂果。

**3. 长枝修剪的配套技术**

（1）疏花疏果。长枝修剪结果枝花芽留量大，必须及时进行疏花疏果，控制负载量，以提高果实品质，并可以抽生出健壮的更新枝，这是长枝修剪的配套措施之一。疏花时，以疏花蕾为主，疏去双生花中的一个，疏去枝条基部和先端过密的花蕾，保留中部和前部质量较好的花蕾。每长果枝留10～15个花。疏果时要疏去果枝基部的果，保留果枝中部和前部的果，随着果实和叶片的生长，枝条下垂，促使结果枝基部萌发出长果枝，用于翌年更新。

一般来讲，中、小果型品种每长果枝留3～5个果，大果型品种每长果枝留2～3个果。如按果间距留果，果实之间的空间距离为15～20厘米（中、小果型）或25～30厘米（大果型）。树体上部和营养生长健壮的结果枝应适当多留果，而树体下部和营养生长弱的结果枝应少留果。对于中、短果枝结果的品种，主要按果间距留果。

（2）肥水管理。加强肥水管理，保证果实与更新枝的健壮生长。

**4. 长枝修剪的注意事项**

（1）控制留枝量。对于以长果枝结果的品种，已经留有足够的长果枝，如果再留过多的短果枝和花束状果枝，将会削弱树势，难以保证抽生出足够数量的更新枝，增加翌年更新的难度。因此，在控制长果枝数量的同时，还要控制短果枝和花束状的数量。但对于无花粉品种、大果型或易采前落果的品种，要多留中、短果枝。

（2）控制留果量。采用长枝修剪后，虽整体留枝量减少，但花芽的数量并没有减少，由于前期新梢生长缓和，还会增加坐果率，所以要和常规修剪一样，采用长枝修剪技术，同样要疏花疏果，调整负载量。

（3）肥水管理。对于长枝修剪后生长势开始变弱的树，应增加短截数量，减少长放，并加强肥水管理，适当增加施肥次数和施肥量。

（4）不宜采用长枝修剪技术的树和品种。对于衰弱的树和没有灌溉条件的树不宜采用长枝修剪技术。

# 七、树体改造技术

## （一）栽植过密的树

**1. 生长表现**　栽植过密的树，一般株行距都较密，生产中多为 2 米×3 米。株距小，主枝较多，主枝角度小，生长较直立。树冠内光照不良，结果部位外移，结果枝少，花芽数量少，质量差。内膛小枝衰弱，甚至死亡。

**2. 改造措施**

（1）当年冬季修剪。对于过密的树，首先要按照"宁可行里密，不可密了行"的原则进行间伐。通过间伐，使行间距大于或等于 5 米。如果株距为 2～3 米，可将其改造成二主枝 Y 形。疏除株间的主枝，保留 2 个朝向行间的主枝。对于直立生长的主枝，要适当开角。

（2）第二年夏季修剪。

①抹芽。及时抹除大锯口附近长出的萌芽。

②摘心。光秃带内长出的新梢可以进行 1～2 次摘心，培养成结果枝组。

③疏枝。疏除徒长枝、竞争枝和过密枝。

④拉枝。对角度小的骨干枝进行拉枝。

## （二）无固定树形的树

**1. 生长表现**  从定植后一直没有按预定的树形进行整形，放任生长，有空间就留，致使主枝过多，内膛密挤。结果部位外移，只在树冠外围有较好的结果枝。由于透光差，内膛枝逐渐死亡，主枝下部光秃。产量低，品质差，打药困难，病虫害防治效果差。

**2. 改造措施**

（1）当年冬季修剪。这种树已不能整成理想的树形，只能因树整形。根据栽植密度确定主枝的数量。主要是疏除伸向株间的大枝或将其逐步疏除。如株行距为 4 米×（5～6）米，宜采用三主枝开心形，选择方向、角度适宜的 3 个主枝，3 个主枝尽量朝向行间，不要留正好朝向株间的主枝，且 3 个主枝在主干上要错开，不要太近。如株行距为（2～3）米×（4～5）米，可以采用二主枝 Y 形，选择方向和角度适宜的 2 个主枝，分别朝向行间。选留主枝上的枝量要尽量多一些，主枝和侧枝要主次分明，如果侧枝较大，要对其进行回缩。对骨干枝延长头进行短截，以保证其生长势。

对树冠内的直立枝、横向枝、交叉枝和重叠枝，进行疏间或在2～3年内改造成为结果枝组。过低的下垂枝，尤其距地面1米以下的下垂枝必须疏除或回缩，以改善树体的下部光照条件。对于株间互相搭接的枝要进行回缩或疏除。

（2）翌年夏季修剪。

①抹芽。及时抹除大锯口附近长出的萌芽。

②摘心。光秃带内长出的新梢可以进行1～2次摘心，培养成结果枝组。如果有空间，剪锯口附近长出的新梢可以保留，并进行摘心，培养成结果枝组。

③疏枝。疏除多余的徒长枝、竞争枝和过密枝。

④拉枝。对角度小的骨干枝进行拉枝。

## （三）结果枝组过高、过大的树

**1. 生长表现**　由于结果枝组过高过大，背上结果枝组过多，树冠光照差，大量结果枝衰弱和枯死。这种树主要是对结果枝组控制不当，没有及时回缩，生长过旺，形成了所谓"树上长树"。

**2. 改造措施**

（1）当年冬季修剪。应当按结果枝组的分布距离，疏除过大、过高的直立枝组或回缩改造成中、小枝组。根据其生长势，将留下的枝组，去强留弱，逐步改造成大、中、小不同类型的结果枝组。要疏除枝组上的发育枝和徒长枝。

（2）翌年夏季修剪。

①疏枝。及时疏除剪锯口附近长出的徒长枝和过密枝。

②摘心。有空间生长的枝条，可以进行摘心，培养成结果枝组。

### （四）未进行夏季修剪的树

**1. 生长表现**　树冠各部位发育枝较多，光照差，除树冠外围和上部有较好的结果枝外，内膛和树冠下部光照差，枝条细弱，花芽少，着生部位高，质量差。

**2. 改造措施**

（1）当年冬季修剪。应选好主侧枝延长枝，多余的发育枝从基部疏除。各类结果枝尽量长放不短截，用于结果。对骨干枝延长头进行短截，其他枝不进行短截，以缓和树体的生长势。

（2）翌年夏季修剪。

①疏枝。由于坐果较少，会造成枝条徒长，要及时疏除徒长枝、竞争枝和过密枝。

②摘心。有空间生长的枝条，可以通过摘心，培养成结果枝组。

# 八、整形修剪中应注意的问题

**1. 整形和留枝量的原则**　总的整形原则是"有形不死，无形不乱""大枝亮堂堂，小枝闹嚷嚷"。总的修剪原则是"轻重结合，宜轻不宜重"。大枝少，小枝才能多。但"小枝闹嚷嚷"并非是枝量越大越好，无花粉品种枝量要比有花粉品种多。

**2. 强化夏剪，淡化冬剪**　夏季修剪在桃树的整形修剪中占有重要的地位，尤其是幼树和密植栽培的树。

**3. 强调按品种类型进行修剪**　不同的品种类型有不同的特点，应采用不同的修剪方法。不同品种类型的整形基本上是相同的，区别主要在于结果枝的修剪技术。

**4. 控制留枝量**　桃树喜光性强，留枝量过大，将导致光照条件差，影响果实品质。一定要打开光路，强调光照在提高桃产量和品质中的作用，让所有枝、叶和果实均可着光。

**5. 其他问题**

（1）保持骨干枝的生长势。在各个阶段，尤其是在幼树树形培养阶段，对主枝头要进行短截，保持其生长势。

（2）骨干枝角度和位置。在大冠树上，主枝弯曲延伸生长，角度适宜，大型结果枝组或侧枝斜生，中、小枝组插空。主枝（大侧枝）上结果枝组分布呈枣核形，即两头小、中间大。结果枝以斜生或平生为好，幼树上可留背下枝，背上粗枝要疏去。

（3）充分利用空间。修剪后，在同一株树上，应是长、中、短果枝均有。长短不齐，高低不齐，立体结果。切忌"推平头式"修剪。

（4）培养中庸树势。通过修剪，保持树势中庸，既不过旺，也不过弱。

（5）冬季修剪与其他栽培措施配合。冬季修剪不是万能的，必须同其他技术措施配合才能起到应有的效果，如夏季修剪、疏花疏果、肥水管理等。

# 第五章
# 土肥水管理

## 一、土壤管理

### （一）果园生草

#### 1. 果园生草的优点

（1）果园生草能够显著提高土壤有机质含量。绿肥含有较多有机质，据测定，绿肥作物有机质含量为 84.6％～94.0％。生草后由于草残体在土壤中降解，转化形成腐殖质，因此，随着生草年限的延长，土壤有机质含量不断提高。据报道，桃园种植白三叶草覆盖两年，根际和非根际土壤有机质含量增加两倍多。

（2）提供大量元素和微量元素。绿肥作物的氮、磷、钾含量分别为 2.40％～3.44％、0.193％～0.406％ 和 1.39％～2.94％。微量元素含量也很丰富，其中，钙、镁、锌、铁、锰和硼含量最多的分别为三叶草、紫花苜蓿、三叶草、沙打旺和紫云英，三叶草的钙和铁含量均为最高。由此可见，桃园种植绿肥作物，可为桃树提供各种营养。

（3）果园生草改善小气候，增加天敌数量，有利于果园的生态平衡，可充分发挥自然界天敌对害虫的自然控制作用，减少农药用量，是对害虫进行生物防治的一条有效途径。果园生草可以通过提高农业生态系统的多样性而降低害虫种群密度，并且可以增加捕食性和寄生性天敌的种类和数量，增加节肢动物群落稳定性。

（4）果园生草增加地面覆盖层，减少土壤表层温度变幅，有利于桃树根系生长发育。

（5）果园生草有利于改善果实品质，山地、坡地果园生草可起到水土保持作用，还可减少果园除草用工投入。

**2. 果园人工生草的技术**

（1）果园生草种类的选择依据。适于果园种的草应具备以下特点：对环境适应性强，水土保持效果好，有利于培肥土壤，不分泌毒素或有克生现象，有利于防止桃园病虫害，有利于田间管理和栽培。

（2）果园生草的适宜种类。豆科植物有白三叶草、红三叶草、紫花苜蓿、毛叶苕子和夏至草等；禾本科植物有黑麦草和早熟禾等。草种最好选用三叶草、紫花苜蓿和毛叶苕子。

①白三叶草。白三叶草是目前生草品种中应用最广泛的一个。白三叶草为豆科白三叶草属多年生草本作物，主根短，侧根发达，85％的根系分布在20厘米的土层内，茎长30～60厘米，实心，光滑，匍匐生长，能节节生根，并长出新的匍匐茎，密生根瘤。叶柄细长，三出复叶，小叶倒卵形至倒心形，叶片中央有白色V形斑纹，头形总状花序自叶腋伸出，花小而多，含40～100朵小花，花梗长于叶柄，白色蝶形花冠，每个单花着生两粒种子。1～2年后，果园行间即可形成30厘米厚的绿色地毯。人踏后2～3天自然恢复，种草两年后观察，土壤团粒结构增多，草下有蚯蚓等动物及残体。

白三叶草耐热、耐寒，在3～35℃范围内均能生长，最适生长温度为19～24℃，喜温。白三叶草耐阴性好，能在30％透光率的环境下生长，适宜在果园种植。白三叶草的根瘤具有生物固氮作用，可以固定、利用大气中的氮素，培肥效应明显。

白三叶草适于雨水较多的地区，抗旱性较差，河北石家庄地区如冬季不进行灌水，到春季白三叶草将全部旱死。

②紫花苜蓿。紫花苜蓿为异花授粉，根系发达，主根入土深达数米至数十米。根颈密生许多茎芽，显露于地面或埋入表土中，颈蘖枝条多达十余条至上百条。茎秆斜上或直立，光滑，略呈方形，高 100～150 厘米，分枝很多。叶为羽状三出复叶，小叶长圆形或卵圆形，先端有锯齿，中叶略大。总状花序簇生，每簇有小花 20～30 朵，蝶形花有短柄，雄蕊 10 枚，雌蕊 1 个。荚果螺旋形，表面光滑，成熟后呈黑褐色，不开裂，每荚含种子 2～9 粒。种子肾形，黄色或淡黄褐色，表面有光泽，千粒重 1.5～2.3 克。

紫花苜蓿喜温暖半干燥气候，生长期一般 3～5 年。日平均气温 15～25℃、昼暖夜凉的条件最适合紫花苜蓿生长。在华北地区 4～6 月是紫花苜蓿生长的好季节。紫花苜蓿抗寒性强，可耐－20℃的温度，在有雪覆盖时，可耐－40℃的温度。紫花苜蓿根系深，抗旱性强，在年降水量 250～800 毫米、无霜期 100 天以上的地区均可种植。对土壤要求不严，喜中性或微碱性土壤，pH 6～8 为宜。有一定耐盐性，能在表层含盐量 0.85% 的盐土上出苗生长发育。不耐强酸或强碱性土壤。播种当年生长较慢，翌年生长迅速，每年割 2～4 次。含氮量很丰富，含粗蛋白质 17.9%、粗脂肪 2%～3%、粗纤维 32.2%，同时也是优质饲料。

③毛叶苕子。毛叶苕子为一年生或多年生豆科草本植物，根系较发达，主根可深达 1 米以上，侧、支根多分布在 0～50 厘米的土层中。具有根瘤，可固定空气中的氮素。毛叶苕子茎蔓柔软，呈四棱形，中空，匍匐生长。一般茎长 1.5～2.5 米，茎和叶的表面有灰白色茸毛，叶轴尖端有卷须，具攀缘作用。

叶为互生，偶数羽状复叶，小叶 2～10 对不等，顶端有小尖，叶轴顶端着生 2～6 个卷须。花为总状无限花序，蓝紫色，花穗长 6～10 厘米。每花穗有 20～40 朵花。花为蝶形花冠。荚角呈短矩形，光滑无毛，皮薄而易爆裂，每荚结籽 2～8 粒，种子球形，黑褐色，一般千粒重 25～35 克。种子发芽的最适温度为 20～25℃。

毛叶苕子抗寒性较差，在河北石家庄地区和北京等地播种，当年生长好，但不能越冬，不适宜在北方种植。

（3）播种方式。果园生草可采用全园生草、行间生草和株间生草等模式。具体模式应根据果园立地条件和种植管理条件而定。一般土层深厚、肥沃和根系分布深的桃园，可全园生草，反之，丘陵旱地果园宜在果树行间和株间种植。在年降水量少于 500 毫米，而且无灌溉条件的果园，不宜生草。

（4）播种方法（以白三叶草为例）。

①播种方法。撒播和条播均可。撒播操作简便易行，工效高，但土壤墒情不易控制，出苗不整齐，苗期管理难度大，缺苗现象严重。条播可用覆草保湿，也可补墒，利于出苗和幼苗生长，极易成坪。条播节省草种，有利于白三叶草分生侧茎和幼苗期灭除杂草。条播行距视土壤肥力而定，若土壤质地好、肥沃，又有灌水条件时，则行距宜大；反之，则小。一般为15～30 厘米。

②播种时间。播种时间应根据具体情况而定。春季具备灌水条件的可在 3～4 月（地温升到 12℃以上时）播种，到 11 月可形成 20～30 厘米厚的致密草坪。5～7 月播种，生长也较好，但苗期杂草多，生长势强，管理较费工。8～9 月播种，杂草生长势弱，管理省工。9 月中旬以后播种，则冬前很少分生侧茎，植株弱，越冬易受冻死亡。

③播种量。一般亩播种量以 0.5～0.75 千克为宜。播种时若土壤墒情好，则播种量宜小；若土壤墒情差，则播种量宜大。

④具体操作。白三叶草种子小，顶土力弱，幼苗期生长缓慢，土壤必须底墒较好。每亩施细碎有机肥料 1 500 千克以上和过磷酸钙 30 千克，然后精细整地，耕翻深度 30 厘米，破碎土块，耙平土面。播种时用过筛细土或细沙与种子以（10～20）：1 的比例混合，以确保播种均匀。条播覆土 1 厘米，沿行用脚踏实。采用撒播时，用竹扫帚来回拨扫覆土或用铁耙子轻耙覆土。覆土后用铁耙镇压，使种子与土壤紧密结合，以利于出苗和生长。播好后，覆盖地膜保墒好，出苗快而齐全。

（5）播后管理。

①苗期管理。白三叶草幼苗生长缓慢，抗旱性差。若苗期土壤墒情差，则幼苗干枯致死；若播后至苗期土壤墒情较好的，出苗整齐，幼苗生长旺盛。若苗期喷施 2～3 次叶面肥，可提早 5～10 天成坪。春播后要适当覆草保湿，幼苗期遇干旱要适当浇水补墒，同时，灌水后应及时划锄，清除野生杂草。5～7 月播种的杂草较多，雨季灭除杂草是管理的关键环节。及早拔除禾本科杂草，或当杂草高度超过白三叶草时，用 10.8％的盖草能乳油 500～700 倍液均匀喷雾，效果很好。白三叶草成坪后，有很强的抑制杂草生长的能力，一般不再人工除草。白三叶草第一年尚不能形成根瘤，需要补充少量氮肥，以促进根瘤生长。对于过晚播种的可用碎麦秸等进行覆盖，以防冻害。

②雨季移栽。7、8 月降雨较多，适于移栽。具体方法：将长势旺盛的白三叶草分墩带土挖出，在未种草行间挖同样大小的坑移植，栽后灌水。

③病虫害防治。白三叶草上发生的病虫害较轻，以虫害为主，主要防治对象为棉铃虫、斑潜蝇、地老虎等。一般年份防治桃树病虫害时可兼治，不需专门用药。若害虫大发生时，可选用苏云金杆菌乳剂等进行防治。

④成坪后的管理。白三叶草草坪管理有 3 种方式。一是刈

割 2～3 次。第一次刈割以初花期为宜，割后长到 30 厘米以上再刈割。每次刈割宜选在雨后进行。刈割留茬在 5～10 厘米，一般不低于 5 厘米，以利再生。割下的草可集中覆盖树盘，或作饲草发展畜禽业。二是选用除草剂，用 20％百草枯将白三叶草杀死。刈割或喷百草枯后，撒施少量氮、磷肥，以促进白三叶草迅速再生。三是任其自生自灭，自然更新，草坪高度在生长期内保持 20～30 厘米。桃树施肥开沟或挖穴时，将白三叶草连根带土挖出，施肥后再放回原处踩实即可。

**3. 桃园自然生草**

（1）适宜自然生草的草种。选留无直立、强大直根系，须根多，植株生长矮小，茎部不易木质化，匍匐茎生长能力强，能尽快覆盖地面的草种，能够适应当地的土壤和气候条件，需水量小，与桃树无共同病虫害且有利于桃树害虫天敌及微生物活动。

（2）主要种类。夏至草、斑种草、马唐、稗草、牛筋草、狗尾草等。

（3）自然生草模式。可以对全园地面生草，也可以在果园行间生草，行内清耕，行间杂草刈割后覆于行内。或将树干周围 50 厘米树盘进行清耕，其他地面生草。

（4）管理。及时铲除或拔除恶性草，如苘麻、藜、苋菜、菟丝子、豚草和葎草等。将以往的人工割除方式改变为采取打草机割除，即在 6～8 月，根据果园野草的长势，控制好野草的生长高度，通常在野草长到 40 厘米左右时用打草机割倒覆盖在行间，留茬高度 6～8 厘米，全年割除次数为 2～3 次。

## （二）果园覆盖

**1. 果园覆盖的好处** 据研究，麦草覆盖对旱地桃园土壤温度和水分动态变化有较好的调节作用。结果表明，旱地桃园覆盖麦草后，整个生长季内 0～60 厘米和土层土壤相对含水量较高，有效地减少了土壤水分蒸发，提高了土壤保水能力。同时在高温生长季节麦草覆盖能有效调节旱地土壤耕作层（0～20厘米）的温度变化，3～6月的土壤温度明显降低，平均下降3.4℃，从而推迟桃树初花期、盛花期、末花期、展叶期2天，有利于桃树避开早春晚霜危害，同时，覆草可降低7～8月高温季节的土壤温度，尤其显著降低每日高温时段（下午1～3时）的土壤温度，降幅3.3～3.5℃，有利于树体生长发育。同时，显著提高每亩桃产量及果实平均单果重、可溶性固形物含量和维生素C含量。

甘肃秦安县是甘肃桃主产区，桃园以浅山旱地栽培为主，依靠自然降水，春旱时常发生，降雨多集中在7～9月，降雨分布不均，是桃树增产提质的主要限制因素。近年来，秸秆覆盖作为一种增加土壤有机质、调节土壤温度和水分的农艺措施已被广泛应用。

**2. 果园覆盖的方法**  果园覆盖作物秸秆一般全年都可进行，但春季首次覆盖应避开2～3月土壤解冻时间，以有利于提高土壤温度。就材料来源而言，夏秋收后覆盖可及时利用掉作物秸秆，减轻占地积压。第一次覆盖在土温达到10℃或麦收以后，可以充分利用丰富的麦秸、麦糠等。覆草以前应先浇透水，然后平整园地，整修树盘，使树干处略高于树冠下。进行全园覆盖时，每亩用干草1 500千克左右，如草源不足，可只进行树盘覆盖。不管是哪种覆盖，覆草厚度一般应在15～20厘米，并加尿素10～15千克。覆草后，在树行间开深沟，以便蓄水和排水，起出的土可以撒在草上，以防止风刮或火灾，并可促使其尽快腐烂。

果园覆草以后，每年可在早春、花后、采收后，分别追施氮肥。追肥时，先将草分开，挖沟或穴施，逐年轮换施肥位置，施后适量浇水，也可在雨季将化肥撒施在草上，任雨水淋溶。果园覆草后，应连年补覆，使其继续保持20厘米厚度，以保证覆草效果。连续覆盖 3～4 年以后，秋冬应刨园 1 次，深 15～20 厘米，将地表的烂草翻入，改善土壤团粒结构和促进根系的更新生长，然后再重新进行覆草。

在南方梅雨结束，高温干旱来临之前（约 6 月底），疏松畦面表土，均匀覆盖稻草，再盖上薄土，以保持土壤水分。

### （三）果园间作和清耕

**1. 果园间作** 宜在幼树园的行间进行，成龄果园一般不提倡间作。间作时应留出足够的树盘，以免影响桃树的正常生长发育。间作物以矮秆、生长期短、不与或少与桃树争肥争水的作物为主，如花生、豆类、葱蒜类及中草药等。

**2. 果园清耕** 果园清耕是目前最为常用的桃园土壤管理制度。在少雨地区，春季清耕有利于地温回升，秋季清耕有利于晚熟桃利用地面散射光和辐射热，提高果实糖度和品质。清耕桃园内不种其他作物，一般在生长季进行多次中耕，秋季深耕，保持表土疏松无杂草，同时可加大耕层厚度。清耕法可有效地促进微生物繁殖和有机物氧化分解，显著改善和增加土壤中有机态氮素。但如果长期清耕，在有机肥施入量不足的情况下，土壤中的有机质会迅速减少，使土壤结构遭到破坏，在雨量较多的地区或降水较为集中的季节，容易造成水土流失。果园清耕易导致果园生态退化、地力下降、投入增加、果树早衰和品质下降。

# 二、施　肥

## （一）土壤中的养分来源及特点

### 1. 土壤养分的来源

（1）矿物质。土壤矿物质营养最基本的来源是矿物质风化所释放的养分，由于不同成土母质发育的土壤其矿物质组成不同，所以风化产物中释放的养分种类和数量也不同。如玄武岩风化产物中五氧化二磷 0.34%、氧化钾 2.0%、氧化钙 8.9%、氧化镁 6%～8%、氧化铁 11.75%，云母和正长石分解后含钾较多，石灰岩含钙多，磷灰石较易风化，是提供土壤中磷、硫和镁的养分来源。

（2）有机质。土壤中养分元素绝大部分是以有机态形式累积并贮藏在土壤中的。它们在土壤中的含量与土壤有机质含量密切相关。由于土壤有机质的分解比岩石矿物风化的速度快，所以由土壤有机质提供的养分元素所占的比重也较大，土壤有机质在土壤微生物的活动下不断地进行分解，所以说必须通过增施肥料，不断地补充更新，提高土壤养分含量。

（3）化肥。生产上在果园中施化肥，也是土壤养分的主要来源。

（4）由共生或非共生固氮微生物的作用，给土壤提供化合态氮素，也是一种来源。另外，大气中产生的各种硫或氧化物及氨等气体，还有镁、钾、钙等物质，它们都可以随雨、雪等进入土壤中。

从上述可以看出，由于各地自然条件差异很大，土壤中能够累积和贮藏的养分数量是很少的，只能供应桃生长发育需要的很少量养分。要想获得优质、高产，就必须向土壤中投入一定数量的各种养分，因此，通过人工施肥是土壤养分的重要来源。

**2. 土壤养分的特点**　当前我国果园土壤养分的特点是"两少"，即有机质含量少和营养元素含量少。

（1）有机质含量少。土壤中有机质含量一般在 0.8%～1.0%，有的小于 0.5%，大于 1.0%的较少。而国外有机质含量达 3%～5%。

我国土壤有机质含量因不同地区而异。东北平原的土壤有机质含量最高达 2.5%～5%，而华北平原土壤有机质含量低，仅 0.5%～0.8%。江苏丰县大沙河 10 个果园的有机质含量平均在 0.567%，最高在 0.751%，最少在 0.386%。

（2）营养元素含量少。营养元素包括大量元素和微量元素，满足不了桃树的需求。

①氮素含量。土壤中氮素含量除了少量呈无机盐状态存在外，大部分呈有机态存在。土壤有机质含量越多，含氮量也越高，一般来说，土壤含氮量为有机质含量的 1/20～1/10，当然也有例外，但大体上是这个比例。我国土壤耕层全氮含量，以东北黑土地区最高，在 0.15%～0.52%，华北平原和黄土高原地区最低，在 0.03%～0.13%。

②磷素含量。我国各地区土壤耕层的全磷含量一般在 0.05%～0.35%，东北黑土地区土壤含磷量较高，可达 0.14%～0.35%，西北地区土壤全磷量也较高，达 0.17%～0.26%，其他地区都较低，尤其南方红壤土含量最低。

③钾素含量。我国各地区土壤中速效钾含量为每百克土 4.0～45.0 毫克，一般华北、东北地区土壤中钾素含量高于南方地区。

河北地区桃园土壤表层主要养分含量见表 5-1，可以看出，0～40 厘米范围，土壤有机质含量平均为 1.0%，碱解氮、有效磷和速效钾含量分别为 86.15 毫克/千克、131.23 毫克/千克和 315.99 毫克/千克。0～20 厘米的含量大于 20～40 厘米的含量。不同桃园之间的差异较大。

表 5-1　河北地区部分桃园土壤表层主要养分含量

| 项目 | 0～20 厘米 | | 20～40 厘米 | | 0～40 厘米 |
| --- | --- | --- | --- | --- | --- |
| | 含量范围 | 平均值 | 含量范围 | 平均值 | 平均值 |
| 有机质（%） | 0.687～1.952 | 1.26 | 0.354～0.968 | 0.73 | 1.00 |
| 碱解氮（毫克/千克） | 56～329 | 121.40 | 16.8～105.0 | 50.90 | 86.15 |
| 有效磷（毫克/千克） | 68.7～333.7 | 176.80 | 4.24～407.97 | 85.65 | 131.23 |
| 速效钾（毫克/千克） | 148.04～842.72 | 353.00 | 93.88～535.21 | 278.98 | 315.99 |

## （二）根系分布、生长及吸收特点

**1. 根系分布特点**

（1）根系较浅。根系大多分布在 20～50 厘米土层，因此应在此范围内进行施肥。

（2）不同植株的根系表现为相互竞争和抑制。当根系相邻时，它们避免相互接触，或改变方向，或向下延伸。密植桃园的根系水平分布范围较小，而垂直分布较深。

（3）对应性。根系与地上部树冠有着相对应的关系，也就是说地上部有大枝的地方，一般与其对应的下部有大根；地下部根系生长越发达，地上部就越旺盛。

（4）可塑性。桃树根系有可塑性，在不同的土壤和不同的环境中，桃树根系的分布深度和形态均有不同。

**2. 根系生长特点**　　根系在一年中有两次生长高峰，分别在春季和秋季。

**3. 根系吸收特点**

（1）趋肥性。植物根系向着有肥料的地方生长，肥施到哪儿，根系长到哪儿。

（2）代偿性。局部根系的优化，可补偿植株整体的生长需求。这是局部施肥可满足整株生长的基础。

（3）需氧性。桃树根系较浅，对氧气要求较高。土壤含氧气达 10%～15% 时，地上部生长正常。

## （三）主要营养元素的需求特点

**1. 主要营养元素**

（1）氮。氮是叶绿素、原生质、蛋白质、核酸等重要的组成成分。它能促进一切活组织的生长发育。

（2）磷。磷是植物细胞核的重要成分，与细胞分裂关系密切。磷的含量与光合作用、呼吸作用及碳水化合物、氮化合物的代谢与运转有关。磷在树体内可以转移。

（3）钾。虽然不是植物组织的组成成分，但钾与植物许多酶的活性有关，钾对碳水化合物的代谢、细胞水分的调节及蛋白质、氨基酸合成有重要作用。

（4）钙。钙以果胶钙的形式构成细胞壁的成分，为正常的细胞分裂所必需，也是某些酶的活化剂。

（5）镁。镁是叶绿素的组成成分，是许多酶系统的活化剂，能促进磷的吸收和转移，有助于植物体内糖的运转。镁在植物体内可运转重新利用，但桃树常表现为上部和基部同时出现缺镁症。

（6）铁。铁是叶绿素合成和保持所必需的元素，并参与光合作用，是许多酶的成分。铁在植物体内不易移动，缺铁症从幼叶开始。

（7）硼。硼影响某些酶的活性，促进糖分在植物体内的运输，能促进花粉萌发和花粉管生长。

（8）锌。锌参与生长素、核酸和蛋白质的合成，是某些酶的组成成分。

（9）锰。锰是形成叶绿素和维持叶绿素结构所必需的元素，也是许多酶的活化剂，在光合作用中有重要功能，并参与呼吸过程。

**2. 桃树对主要营养元素的需求特点**

（1）桃树需钾素较多，其吸收量是氮素的 1.6 倍。尤其以果实的吸收量最大，其次是叶片。它们的吸收量占钾吸收量的 91.4%。因而满足钾素的需要，是桃树丰产优质的关键。

（2）桃树需氮量较高，并反应敏感。以叶片吸收量最大，占总氮量的近一半。氮素的供应充足是保证丰产的基础。

（3）磷、钙的吸收量较高。磷、钙吸收量与氮吸收量的比值分别为 3：2 和 1：2。磷在叶片和果实中吸收多，钙在叶片中含量最高。要注意的是，在易缺钙的沙性土中更需要补充钙。

（4）各器官对氮、磷、钾三要素吸收量。各器官对氮、磷、钾三要素吸收量以氮为标准，其比值分别为，叶10：2.6：13.7；果10：5.2：24；根10：6.3：5.4。对三要素的总吸收量的比值为10：（3～4）：（13～16）。

## （四）肥料的种类及特点

### 1. 有机肥

（1）种类。有机肥料的种类见第三章。

（2）特点。有机肥具有以下特点。

①养分全面。它除含桃生长发育所必需的大量元素和微量元素外，还含有丰富的有机质（表5-2），是一种完全肥料，含有桃树生长发育所需的所有营养元素。畜禽粪便类中，以全氮、全磷、镁、铜、锌、钼和硫的含量较高，堆肥类中，以钙、铁、锰和硼的含量较高，秸秆类中粗有机物和钾的含量较高。

表5-2　不同类型有机肥养分含量比较

| 项目 | 全氮（克/千克） | 全磷（克/千克） | 全钾（毫克/千克） | 钙（毫克/千克） | 镁（毫克/千克） | 铜（毫克/千克） | 锌（毫克/千克） | 铁（毫克/千克） | 锰（毫克/千克） | 硼（毫克/千克） | 钼（毫克/千克） | 硫（毫克/千克） |
|---|---|---|---|---|---|---|---|---|---|---|---|---|
| 畜禽粪便类 | 2.38 | 0.71 | 1.32 | 1.98 | 0.71 | 38.65 | 155.78 | 4 846.52 | 441.64 | 13.25 | 1.58 | 0.40 |
| 堆肥类 | 1.35 | 0.42 | 1.23 | 2.32 | 0.59 | 28.14 | 90.15 | 11 049.1 | 592.12 | 15.17 | 0.82 | 0.26 |
| 秸秆类 | 1.32 | 0.16 | 1.56 | 1.10 | 0.33 | 12.63 | 33.21 | 612.5 | 184.83 | 14.97 | 0.64 | 0.16 |
| 平均 | 1.68 | 0.43 | 1.37 | 1.80 | 0.54 | 26.47 | 93.05 | 5 502.71 | 406.20 | 14.46 | 1.01 | 0.27 |

②肥效缓慢而持久。营养元素多呈复杂的有机形态，必须经过微生物的分解，才能将有机形态转变为无机形态，被作物

吸收和利用。肥料的分解需要一定时间，一般为 3 年，是一种迟效性肥料。

③改善土壤理化性状。有机质和腐殖质对改善土壤理化性状有重要作用。除直接提供给土壤大量养分外，有机质还可以促进土壤微生物活动、活化土壤养分和改善土壤理化性质。

④养分浓度相对较低，施肥量大。和化肥相比，有机肥养分浓度相对较低。一般 15～20 千克人粪尿所含氮素相当于 0.5 千克硫酸铵。一般采用挖沟施肥，需要较多的劳动力和运输力，施肥成本较高，因此，在积造时要注意尽量提高质量。

（3）作用。

①促进根系生长发育。土壤中的有机质在微生物的作用下，促进土壤团粒结构的形成，改善土壤结构，土壤通气性好，为根系生长发育创造良好的条件。

②促进枝条健壮和均衡生长，减少缺素症发生。由于有机肥肥效较慢，而且在一年中不断地释放，时间较长，营养全面，使地上部枝条生长速度适中，生长均衡，不易徒长，花芽分化好，花芽质量高。由于各种元素比例协调，不易发生缺素症。

③提高果实质量。由于根系和地上部枝条生长的相互促进，对果实生长发育具有很好的促进作用，表现为果实个大，着色美丽，风味品质佳，香味浓，果实硬度大，耐贮运性强。

④提高桃树抗性。有机肥可促进根系生长发育和叶片功能，增加树体贮藏营养，从而提高桃树抗旱性、抗寒性及抗病性。

**2. 化肥的种类与特点** 化学肥料又称为无机肥料，简称化肥。

（1）种类。常用的化肥可以分为氮肥、磷肥、钾肥、复合肥料和微量元素肥料等（表 5-3）。缓释肥是化肥的一种，就是在化肥颗粒表面包上一层很薄的疏水物质制成包膜化肥，水分可以进入多孔的半透膜，溶解的养分向膜外扩散，不断供给作物，即对肥料养分释放速度进行调整，根据作物需求释放养分，达到元素供应强度与作物生理需求的动态平衡。市场上的涂层尿素、覆膜尿素和长效碳铵就是缓释肥的一种类型。

表 5-3　主要化肥种类

| 种类 | | 肥料品种 |
|---|---|---|
| 氮肥 | 铵态 | 硫酸铵、碳酸氢铵、氯化铵 |
| | 硝态 | 硝酸铵 |
| | 酰胺态 | 尿素 |
| 磷肥 | 水溶性 | 过磷酸钙、重过磷酸钙 |
| | 弱溶性 | 钙镁磷肥、钢渣磷肥、偏磷酸钙 |
| | 难溶性 | 磷矿粉 |
| 钾肥 | | 氯化钾、硫酸钾、窑灰钾肥 |
| 二元复合肥 | | 磷酸一铵、磷酸二铵、硝酸钾、磷酸二氢钾 |
| 微量元素肥料 | | 硼砂、硼酸、硫酸亚铁、硫酸锰、硫酸锌 |
| 缓释肥 | | 合成缓释肥有机蛋白质、合成缓释肥无机蛋白质、包膜缓释和生产抑制剂改良 |

（2）特点。

①养分含量高，成分单纯。化肥与有机肥相比，养分含量高。0.5 千克过磷酸钙中所含磷素相当于厩肥 30～40 千克。0.5 千克硫酸钾所含钾素相当于草木灰 5 千克左右。高效化肥含有更多的养分，并便于包装、运输、贮存和施用。化肥所含营养单纯，一般只有一种或少数几种营养元素，可以在桃树需要时再施用。

②肥效快而短。多数化肥易溶于水，施入土壤中能很快被作物吸收利用，能及时满足桃树对养分的需要，但肥效不如有机肥持久。缓释肥的释放速度比普通化肥稍慢一些，其肥效比普通化肥长 30 天以上。

③有酸碱反应。有化学和生理酸碱反应两种。化学酸碱反应是指溶解于水后的酸碱反应，过磷酸钙为酸性，碳酸氢铵为碱性，尿素为中性。生理酸碱反应是指肥料经桃吸收以后产生的酸碱反应。硝酸钠为生理碱性肥料，硫酸铵、氯化铵为生理酸性肥料。

## （五）化肥减施措施

### 1. 化肥对土壤质量的影响

（1）破坏土壤结构，并减少土壤中有益微生物数量。长期过量而单纯地施用化肥，会使土壤酸化或碱化。硫酸铵、过磷酸钙和硫酸钾化肥中含有强酸，长期施用会使土壤不断酸化，直接和间接地危害桃树。长期单施化肥使土壤生物系统遭到严重干扰与破坏，导致土壤生物群落结构简化，数量锐减，多样性和活性下降，还可杀死土壤中原有的微生物，破坏微生物以各种形式参与的代谢循环。

（2）土壤养分比例失调。化肥的大量使用，影响了土壤中某些营养成分的有效性，减少了桃树生长发育和开花结果所需用的微量元素的吸收，从而出现营养失调。有的果农为了调节土壤酸碱度，盲目往地里施石灰，使土壤 pH 增大，导致锌、锰、硼和碘缺乏。氮、磷和钾施用越多，锌、硼的有效性越低。

（3）污染土壤和水。制造化肥的矿物原料及化工原料中，有的含有多种重金属、放射性物质和其他有害成分，它们随施肥进入农田，造成土壤污染。大量施用氮肥，增加地下水中硝酸盐含量。

### 2. 化肥减施的主要措施

（1）缓释肥料的优势。缓释肥料是目前肥料利用率较高的肥料。缓释肥料可以有效地控制养分释放速度，延长肥效期，最大限度地提高肥料利用率，减少养分流失，降低环境污染。

缓释肥料的优势有以下几点。

①肥料用量减少，利用率提高。保持土壤养分供应稳定，淋溶挥发损失减少，肥料利用率可提高 20%。

②施用方便，省工安全。可以作基肥一次性施用，施肥用工减少 1/3 左右，并且施用安全，无肥害。

③树体生长缓和。由于养分缓慢释放，缓释肥料的肥效比一般肥料长 30 天。在一年中缓慢供应给树体，新梢生长中庸，前期不猛长，后期不脱力，有利于养分积累，促进果实生长发育。

（2）缓释肥料主要类型及施用。

①低水溶性有机氮化合物。低水溶性有机氮化合物包括生物可降解化合物和化学可分解化合物，前者以脲醛缩合物为主，如脲甲醛（UF），后者如异丁烯叉二脲（IBDU）。

脲甲醛为一种人工合成的有机微溶性缓释氮肥，由尿素和甲醛在一定条件下反应缩合而成，包含亚甲基二脲、二亚甲基三脲、三亚甲基四脲、四亚甲基五脲和五亚甲基六脲等缩合物，依靠土壤微生物分解释放氮素。其肥效时间长短取决于组分分子链长短，分子链长的缩合物氮的肥效期长，肥效期可通过控制反应条件人为调控。

施用方法：一般作为基肥施入，如作为追肥，应早施，并配合一些速效氮肥。

②包膜肥料。包膜肥料是指以颗粒化肥（氮或氮磷复合肥等）为核心，表层涂覆一层低水溶性或微溶性无机物质或有机聚合物，使肥料成分通过包膜的微孔、裂缝慢慢释放出来，从而改变化肥养分的溶出性，延长或控制肥料养分释放，使土壤养分的供应与作物需求协调的新型肥料。

依据包裹肥料所用的包裹材料可以分为：

A. 无机物包膜肥料。无机物包膜材料主要有硫黄、钙镁磷肥、沸石、石膏、硅藻土、金属磷酸盐（磷酸铵镁）、硅粉、金属盐和滑石粉等。无机（矿）物作为包膜材料的优点是材料来源广泛、价格低，肥料养分释放后，残留在土壤中的空壳能够自行破碎，不仅对土壤环境无污染，而且还有改善土壤结构和提供某些微量元素的作用。

市场上的无机物包膜肥料包括涂层尿素、覆膜尿素、硫包膜尿素和长效碳铵等。尿素表面经过包膜涂层后，由于包膜涂层阻隔而对土壤脲酶活性产生抑制作用，使氮素分解释放速度明显降低，从而有效地减少了氮素的挥发、淋失和反硝化作用，提高尿素利用率达 8%～10%。

B. 有机聚合物包膜肥料。有机聚合物包膜肥料包括天然高分子材料（如天然橡胶、阿拉伯胶、明胶、海藻酸钠、纤维素、木质素和淀粉等）、合成高分子材料（如聚乙烯、聚氯乙烯、聚丙烯、聚乙烯醇、聚丙烯酰胺脲和醛树脂等）和半合成高分子材料（如甲基纤维素钠和乙基纤维素等）。

施用方法：一般作为基肥施用。

③低水溶性无机化合物。金属磷酸铵盐（如 $MgNH_4PO_4$）和部分酸代磷矿（PAPR）都是这种类型的缓释肥料。

施用方法：一般作为基肥施用或与有机肥混合施用。

④袋控缓释肥料。袋控缓释肥是根据果树树体较大的特性，结合果树养分需求特性，采用纸塑材料做成的控释袋包裹掺混肥料，袋上针刺微孔，利用微孔控制养分释放，达到供肥和养分需求相一致。另外，此种肥料容易添加生理活性物质和微量元素。

施用时间：一般果树可在春季果树萌动至花落前这段时间施肥。大棚栽培的果树和部分早熟品种可在秋季落叶前 1 个月左右施用，若在萌动前施肥，可采取下列措施加快肥料释放：施肥前，先将肥料小袋在水盆中浸泡 5 秒左右，待吸入少许水后再埋入坑中，或先将肥料小袋放入坑中，浇半盆水，然后覆土。

施用方法：在树冠下的圆周上（垂直投影内）均匀挖若干15～20厘米深的坑，将肥料袋平放其中，每坑1袋，用土埋好即可。大树也可放射状沟施，施用量因树冠大小而定，每沟3～8小袋，施后用土埋好即可。

注意事项：最好选择在浇水或下雨前后施肥；千万不可将肥料小袋撕破，否则将影响肥效；肥料小袋不能埋得太浅，须在15厘米以下，以防锄地时锄破；施用后不需再追施其他化肥、复合肥，农家肥照常使用。

⑤添加抑制剂或激活剂。通过添加氮肥稳定剂（如硝化抑制剂和脲酶抑制剂），在施肥部位暂时抑制或激活酶的活性。主要通过稳定剂调节土壤微生物活性，减缓尿素的水解和铵态氮的硝化作用，从而达到肥料氮素的缓慢释放和减少损失的目的。主要是硝化抑制剂和脲酶抑制剂。脲酶抑制剂的有效性受环境条件，如土壤pH、水分状况、土壤质地、有机质含量、尿素浓度、气候条件、施肥量与施肥方式等的影响，与有机质含量和土壤黏度呈负相关，与环境温度呈正相关。脲酶抑制剂在脲酶活性较高的土壤中作用效果最好。

施用方法：脲酶抑制剂的有效浓度在0.01％～1％。脲酶抑制剂与肥料混合后一并施入。

（2）代替化肥的肥料。

①有机肥。长期施用有机肥可以增加土壤微生物数量、种类，提高其酶活性，促进土壤养分分解与转化，提高土壤肥力，提高重金属和农药等污染物的降解能力。

有机肥代替部分化肥，既能保证作物产量，又能在一定程度上提高土壤肥力。不同比例有机肥替代无机肥对土壤中全氮、有效磷、速效钾和有机质影响显著，且有机肥比例越高，全氮、有效磷、速效钾和有机质含量越高。

②微生物肥料。土壤中的有益微生物直接参与土壤肥力的形成，但自然状态下有益微生物数量不够，作用也有限，

因此，人为地向土壤中增加有益微生物数量，能够增强土壤中微生物的整体活性，活化土壤，增加肥效，提高化肥利用率，减少化肥用量，提高作物品质，抑制土传病害，减少环境污染。

按菌种组成不同，可将微生物肥料分为细菌类、放线菌和霉菌类、藻类。

按功能不同，可将微生物肥料分为固氮菌菌剂、根瘤菌菌剂、硅酸盐菌剂、溶磷菌剂、光合细菌菌剂、有机物料腐熟剂、复合菌剂、内生菌根菌剂、生物修复菌剂及复合微生物肥料和生物有机肥类产品。

用于生产微生物肥料的菌种主要有根瘤菌、固氮菌、放线菌、光合细菌和硅酸盐细菌等。

施用方法：

A. 微生物肥必须与有机肥配合施用。单纯施用微生物肥是没有效果的，必须与有机肥配合施用，比如与农家肥混合施用。注意农家肥必须充分腐熟，否则会在后期腐熟过程中杀灭微生物。

B. 在适宜环境条件中施用。微生物对环境条件要求较严格，强光、高温、干旱（水分不足）都会影响微生物肥的肥效发挥。微生物肥应在阴天或晴天傍晚施用，施肥后及时盖土、浇水。

C. 开袋后立即施用。开袋后，由于环境改变，必然有部分微生物不适应新环境而死亡。随着开袋时间的延长，微生物损失数量增加，肥效降低。因而，建议微生物肥开袋后立即施用。

D. 注意土壤的酸碱性。微生物在过酸、过碱的土壤条件下均难以存活，因而施用微生物肥的果园土壤以中性或弱酸、弱碱性为宜。

E. 施用微生物肥的果园要控制无机肥、除草剂、杀菌剂的施用。长期施用化学肥料会导致果园土壤板结、酸化，恶化微生物生存条件，特别是不能与碳酸氢铵、草木灰、含硫肥料混合施用，以免影响微生物肥的肥效。杀菌剂、除草剂会直接杀灭部分微生物，导致微生物肥的肥效降低，因而施用微生物肥的果园应控制杀菌剂和除草剂的使用，而且药肥间要有3天以上的间隔期。

F. 注意施用时期。微生物肥对土壤反应敏感，比如固氮菌适宜在 pH 6.5～7.5 的土壤中生活，对湿度要求较高，以田间持水量 60%～70% 为宜，最适于 25～30℃ 环境条件，温度低于 10℃ 或高于 40℃ 时生长受到抑制。磷细菌属好气性细菌，要求的适宜温度是 30～37℃，适宜 pH 为 7～7.5。因而，用微生物肥作基肥应早施，以 9 月中旬至 10 月上旬施入为宜；作追肥应适当晚施，最好在 3 月下旬气温升高后施入，以促进微生物活动，增强肥效。

（3）提高肥料利用率的措施。

①有机肥料和无机肥料配合施用，互相促进，以有机肥料为主。有机肥料对无机肥料的促进表现在以下两个方面，第一，它能吸附和保存无机肥料中的养分，减少挥发、流失或固定，尤其是微量元素应与有机肥料混合后施入；第二，有机肥能分解出一些有机酸，可以溶解一些难溶性养分供桃树吸收利用。

无机肥料对有机肥料也有良好的促进作用，对于碳氮比较高的有机物，施入氮肥可以加速有机物的分解。

②水肥一体化。水肥一体化又称为肥水一体或灌溉施肥。肥水一体化是指作物生长发育所需营养以液体的方式通过微滴灌系统与水分同时输送到作物有效根系部位，直接被作物根系吸收利用的全过程。通俗来讲，肥水一体化技术是在压力作用下将肥料溶液注入灌溉输水管道，将溶有肥料的水通过灌水器（追肥枪）喷洒到作物上或注入根区。

A. 优点。

提高肥料的利用率：肥料元素呈溶解状态，施于地表能更快地为根系所吸收利用，提高肥料利用率 20%～30%，同时减少田间肥料流失对环境的污染。

节水：滴灌一般节水可达 50%左右，尤其适于水资源匮乏地区。

及时补充营养，做到平衡施肥，合理施肥。

省工省时。节省灌溉和施肥的人工，一般可节省 50%左右。

另外，在土壤中，养分布均匀，既不会伤根，又不会影响耕作层土壤结构。

B. 肥料种类。滴灌用的肥料种类很多，选择的原则是完全水溶。

化肥：目前，市场有专门用于肥水一体化的水溶肥。一般也可用水溶性好的尿素、氯化钾（白色粉末状）、硝酸钾、硝酸钙和硫酸镁等。硫酸镁不能和硝酸钾或氯化钾、硝酸钙同时使用，否则会出现沉淀。

有机肥：目前，我国有商业化的水溶性有机肥品种，一般有机质含量在 45%左右，氮磷钾含量≥10%。

C. 设施。滴灌施肥的主要系统由几部分构成：水源（山泉水、井水、河水等）、加压系统（水泵、重力自压）、过滤系统（通常用 120 目叠片过滤器）、施肥系统（泵吸肥法和泵注入法）、输水管道（常用 PVC 管埋入地下）、滴灌管道。主要的投资为输水管道和滴灌管道。

D. 注意事项。喷头或滴灌头嘴堵塞是灌溉施肥的一个重要问题，必须施用可溶性肥料。两种以上的肥料混合施用，必须防止相互的化学作用生成不溶性化合物，如硝酸镁与磷、氮肥混用会生成不溶性的磷酸铵镁。灌溉施肥用水的酸碱度以中性为宜，如碱性强的水能与磷反应生成不溶性的磷酸钙，多种金属元素的有效性会降低，严重影响施肥效果。

③施肥深度。穴施比地面撒施利用率高。尿素要深施，这是因为尿素转化成碳酸氢铵后，在石灰性土壤上易分解挥发，造成氮素损失，因此，要深施覆土。

④多种施肥方法混合使用。

⑤适宜施肥量和时间。如施肥量大，一次不宜太多，可以分次施用。

## （六）施肥技术

桃树是一个需钾量较多的树种，在施肥时应多施钾肥。近几年，我国各地特别是华北地区部分桃园，由于土壤 pH 过高，易发生缺铁黄叶病，要注意改善土壤环境或增施有效铁。

### 1. 基肥

（1）施用时期。基肥可以秋施、冬施或春施，果实采收后尽早施入，一般在 9 月。秋季没有施基肥的桃园，可在春季土壤解冻后补施。秋施应在早中熟品种采收之后，晚熟品种采收之前进行，宜早不宜迟。秋施基肥的时间还应根据肥料种类而异，较难分解的肥料要适当早施，较易分解的肥料则应晚施。在土壤比较肥沃、树势偏于徒长型的植株或地块，尤其是生长容易偏旺的初结果幼树，为了缓和新梢生长，往往不施基肥，待坐果稳定后通过施追肥调整。

秋施比冬施、春施具有如下优点：增加桃树体内的贮藏养分；加速翌年叶幕形成；促进果个增大；伤根易愈合并促发新根；避免春季施基肥造成土壤干旱；利于肥料分解，并在适宜时间内发挥肥效；利用施肥调土，使桃树虫害减少；利用施基肥翻土，使土壤结构改善。

（2）施肥量。基肥一般占施肥总量的 50%～80%，施入量 4 000～5 000 千克/亩。

（3）施肥种类。以腐熟的农家肥为主，适量加入速效化肥和微量元素肥料（过磷酸钙、硼砂、硫酸亚铁、硫酸锌和硫酸锰等）。

（4）施肥方法。桃树根系较浅，大多分布在 20～50 厘米土层内，因此，施肥深度在 30～50 厘米处。施肥过浅，易导致根系分布也浅，由于地表温度和湿度的变化对根系生长和吸收造成不利的条件。一般有环状沟施、放射状沟施、条施和全园普施（图 5-1）等。环状沟施即在树冠外围开一环绕树的沟，沟深 30～40 厘米，沟宽 30～40 厘米，将有机肥与土的混合物均匀施入沟内，填土覆平。放射状沟施是自树干旁向树冠外围开几条放射状沟施肥。条施是在树的东西或南北两侧，开条状沟施肥，但需每年变换位置，以使肥力均衡。全园普施，施肥量大而且均匀，施后翻耕，一般应深翻 30 厘米。

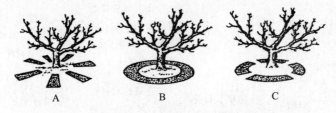

图 5-1　桃树基肥施肥方法
A. 放射状沟施　B. 环状施肥　C. 条状沟施

（5）注意事项。有机肥必须尽早准备，施用的肥料要先经过腐熟。在施基肥挖坑时，注意不要伤大根，否则影响吸收面积。有机肥与难溶性化肥及微量元素肥料等混合施用。在基肥中可加入适量硼、硫酸亚铁、过磷酸钙等，与有机肥混匀后，一并施入。要不断变换施肥部位和施肥方法。施肥深度要合适，不要地面撒施和压土式施肥。如肥料充足，一次不要施太多，可以分次施入。

**2. 追肥**　追肥是在生长期施用肥料，以满足不同生长发育过程对某些营养元素的特殊需要。根部追肥就是将速效性肥料施于根系附近，使养分通过根系达到植株的各个部位，尤其是生长中心。

（1）追肥时期。可分为萌芽前后、果实硬核期和果实第二次迅速生长前期。生长前期以氮肥为主，生长中后期以磷钾肥为主，钾肥应以硫酸钾为主。施肥时期及种类参见表 5-4。注意每次施肥后必须灌水。以上 3 次施肥不一定每年都要用，要根据品种特点、有机肥施用量和产量等综合考虑在哪个时期施哪种肥料。如果有机肥施用量大，就可以不用或少用化肥。

表 5-4  桃树土壤追肥的时期、肥料种类

| 次别 | 物候期 | 时期 | 作用 | 肥料种类 |
|------|--------|------|------|----------|
| 1 | 萌芽前后 | 3月上中旬 | 补充上年树体贮藏营养的不足，促进根系和新梢生长，提高坐果率 | 以氮肥为主，秋施基肥没施磷肥时，加入磷肥 |
| 2 | 硬核期 | 5月下旬至6月上旬 | 促进果核和种胚发育、果实生长和花芽分化 | 氮磷钾肥配合施，以磷钾肥为主 |
| 3 | 果实第二次迅速生长前期 | 成熟前20～30天 | 促进果实膨大，提高果实品质和花芽分化质量 | 以钾肥为主 |

（2）追肥方法。采用穴施，在树冠投影下，距树干 80 厘米之外，均匀挖小穴，穴间距为 30～40 厘米（图 5-2）。施肥深度为 10～15 厘米。施后盖土，然后浇水。

（3）注意事项。不要地面撒施，以提高肥效和肥料利用率。尿素不宜施后马上灌水。尿素属酰胺态氮肥，它要转化成氨态氮才能被作物根系吸收利用，转化过程因土质、水分和温

图 5-2　桃树穴状施肥

度等条件不同，时间有长有短，一般在经过 2～10 天才能完成，若施后马上灌水或旱地在大雨前施用，尿素就会溶解在水中而流失。一般夏秋季节应在施后 2～3 天才能灌水，冬春季节应在施后 7～8 天后浇灌水。

**3. 叶面喷肥**

（1）肥料种类。适于根外追肥的肥料种类很多，一般情况下有以下几类。

①普通化肥。氮肥主要有尿素、硝酸铵、硫酸铵等，其中以尿素应用最广，且效果最好。磷肥有磷酸铵、磷酸二氢钾和过磷酸钙，桃对磷的需要量比氮和钾少，但将其施入土壤中，大部分变成不溶解态，效果大大降低，因此，磷肥进行根外追肥更有意义。钾肥有硫酸钾、氯化钾、磷酸二氢钾等，其中，磷酸二氢钾应用最广泛，效果也最好。

②微量元素肥料。有硼砂、硼酸、硫酸亚铁、硫酸锰和硫酸锌等。

③农家肥料。家禽类、人粪尿、饼肥、草木灰等经过腐熟或浸泡、稀释后再行喷布。这类肥料在农村来源广，同时含有多种元素，使用安全，效果良好，值得推广。

（2）适宜浓度。各种常用肥料的使用浓度列入表 5-5 中，供参考。

表 5-5　桃根外追肥常用肥料的浓度

| 肥料种类 | 喷施浓度（%） | 肥料种类 | 喷施浓度（%） |
|---|---|---|---|
| 尿素 | 0.1～0.3 | 硫酸锰 | 0.05 |
| 硫酸铵 | 0.3 | 硫酸镁 | 0.05～0.1 |
| 过磷酸钙 | 1～3 | 磷酸铵 | 1 |
| 硫酸钾 | 0.05 | 磷酸二氢钾 | 0.2～0.3 |
| 硫酸锌 | 0.3～0.5（加同浓度石灰） | 硼酸、硼砂 | 0.2～0.4 |
| 草木灰 | 2～3 | 鸡粪 | 2～3 |
| 硫酸亚铁 | 0.1～0.3（加同浓度石灰） | 人粪尿 | 2～3 |

## （七）不同土壤施肥特点

**1. 旱地桃树**　为提高桃树抗旱性，应将旱地桃树根系引向深层土壤。旱地桃树施肥应以增施和深施有机肥料为主。可选择圈肥、堆肥、畜肥或土杂肥等，化肥作为补充肥料。有机肥供给桃所需的各种营养元素，提高土壤有机质含量，增加土壤蓄水保墒抗板结能力及抗寒和抗旱的能力。

①基肥。施基肥要改秋施为雨季前施用。旱地桃树施基肥不宜在秋季进行，这是因为：A. 秋施基肥无大雨，肥效长期不能发挥，多数年份必须等到翌年雨季大雨过后才逐渐发挥肥效。B. 秋季开沟施基肥等于晾墒，土壤水分损失严重。C. 施肥沟周围的土壤溶液浓度大幅度升高，周围分布的根系有明显的烧伤作用，严重影响桃树根系的吸收和树体的生长。改秋施肥为雨季施用，雨季土壤水分充足，空气湿度大，开沟施肥即使损失部分水分，很快遇到雨水，土壤水分就会得到补充，不

会对根系有烧伤作用。雨季温度高，水分足，施入的肥料、秸秆、杂草很快腐熟分解，有利于桃树根系吸收，对当年树体生长、果实发育和花芽分化有好处。盛果期施肥量为优质有机肥5 000~6 000千克/亩。

②秸秆杂草覆盖。秸秆杂草覆盖物每年覆盖一次，近地面处每年腐烂一层，腐烂了的秸秆杂草便是优质有机肥料，随雨水渗入土壤中，所以连年秸秆杂草覆盖的果园，土壤肥力、有机质含量、土壤结构及其理化性得到改善，减少栽培施用基肥的大量用工和用料的投入。

③根部追肥。旱地桃树追肥要看天追肥或冒雨追肥，以速效肥为主，前期可适当追施氮肥，如人粪尿、尿素等，后期则以追施磷钾肥为主，如过磷酸钙、骨粉、草木灰等。追施方法应外开浅沟或穴施，施后覆土。施肥量不宜过大。

④穴贮肥水。早春在整好的树盘中，自冠缘向里0.5米以外挖深50厘米、直径30厘米的穴，穴数依树体大小而定，一般2~5个，将玉米秸、麦秸等捆成长40厘米、粗25厘米左右的草把，并先将草把放入人粪尿或0.5%的尿素液中浸泡后，再放入穴中，然后肥土掺匀回填，或每穴追加100克尿素和100克过磷酸钙或复合肥，灌水覆膜。埋入草把后的穴略低于树盘，此后每1~2年可变换1次穴位。

**2. 南方酸性土壤桃树** 南方土壤多为酸性，pH在5.0~6.5。酸性土壤风化作用和淋溶作用较强，有机质分解速度较快，保肥供肥能力弱。有的土质黏重，结构不良，物理性能较差。施肥时应做到以下几点。

①增施有机肥。大量施用有机肥料，最好结合覆草或间作绿肥作物，增加土壤有机质，培肥地力。

②施用磷肥和石灰。钙镁磷肥是微碱性肥料，不溶于水而溶于弱酸。因此，把钙镁磷肥施在酸性土壤，既有利于提高这种磷肥的有效性，又具有培肥地力的作用。在酸性较强的土壤

施用磷矿粉效果也很显著。施用石灰可以中和土壤酸度，并促进有益微生物活动，同时促进养分转化和提高土壤养分有效性，尤其是速效磷和钾的有效性。

③重视氮、钾肥的施用。酸性土壤高度的淋溶和矿化作用，使土壤氮和钾养分贫乏，加之这些矿质元素容易流失，必须增施氮、钾肥，并注意少量多次，以减少流失。

④尽量避免施用生理酸性肥料。生理酸性肥料会进一步加剧土壤的酸化程度。硫酸铵、氯化铵和氯化钾等肥料对土壤酸化作用较强，应尽量避免施用，或不连续多次使用。

**3. 盐碱地桃树**

①灌水压碱。在萌芽前、花后和结冻前浇水，可进行 $3\sim4$ 次大水洗碱，而在生长季节可依干旱情况而定，但要尽量减少次数。

②增施有机肥。每亩施 $4\,000\sim5\,000$ 千克有机肥，撒施或浅沟状施于树盘表层内，施后翻 $15\sim25$ 厘米，施后浇水。

③尽量施用生理酸性肥料。如硫酸铵、氯化铵和氯化钾等，这些肥料可有效酸化土壤，在水浇条件较好的地区，一般也不易造成氯中毒。

④磷肥用磷酸二铵或过磷酸钙。碱性土壤施用磷酸二铵和过磷酸钙效果更好。

对微量元素缺乏症，可将相应无机肥料与有机肥料一起腐熟，增加微肥的有效性。生长季节出现的缺素症，可以喷施有机螯合叶面肥。可用土壤调酸法治桃黄叶病。

**4. 沙质土壤桃树**

①多施有机肥，施用化肥尽可能做到少量多次。一次施肥量不能过大（尤其是氮肥），以免引起肥害，或造成严重流失。

②氮、磷、钾三要素在基肥中占全年施用量的 $30\%\sim50\%$，其余用量，在不同生育期均匀施用。

③微肥要与有机肥一起施用。沙质土壤种植桃树易造成

硼、锌和镁等元素缺素症，这些元素单独施用也易造成流失，或造成局部中毒，所以要与有机肥一起施用。

**5. 黏性土壤桃树**

①果园生草或种植绿肥。黏质土壤相对比较肥沃，通过生草或种植绿肥，可以增加土壤有机质，改善土壤结构，提高土壤养分利用率。生草还可提高早春地温，降低夏季高温，减少水土流失，有利于桃树生长发育。

②施菌肥。通过有益微生物的生命活动，释放出土壤胶体所固定的各种养分，提高土壤养分利用率。

③重视基肥。黏质土壤栽植桃树，往往春季发芽晚，秋季生长旺盛。秋季早施基肥，有利于秋季增加贮藏养分。在增施有机肥的基础上，氮、磷、钾三要素的施用量可占全生育期的50%～70%。

## （八）缺素症及其防治

**1. 缺氮症**

（1）症状。土壤缺氮会使全株叶片上形成坏死斑。缺氮枝条细弱，短而硬，皮部呈棕色或紫红色。缺氮的植株，果实早熟，着色好。离核桃的果肉风味淡，纤维多。

（2）发生规律。缺氮初期，新梢基部叶片逐渐变成黄绿色，枝梢也随即停长。继续缺氮时，新梢上的叶片由下而上全部变黄，叶柄和叶脉则变红。因为氮素可以从老熟组织转移到幼嫩组织中，所以成熟枝条上缺氮症表现得比较早且明显，幼嫩枝条表现较晚而轻。严重缺氮时，叶脉之间的叶肉出现红色或红褐色斑点。到后期，许多斑点发展成为坏死斑，这是缺氮的典型特征。土壤瘠薄、管理粗放和杂草丛生的桃园易表现缺氮症。在沙质土壤上的幼树，新梢速长期或遇大雨，几天内即表现出缺氮症。

（3）防治方法。应在施足有机肥的基础上，适时追施氮素化肥。①增施有机肥。早春或晚秋，最好是在晚秋，按1千克桃果1～2千克有机肥的比例开沟施有机肥。②根部和叶部追施化肥。追施氮肥，如硫酸铵和尿素等。施用后症状很快得到矫正。在雨季和秋梢迅速生长期，树体需要大量氮素，而此时土壤中氮素易流失。除土施外，也可用0.1%～0.3%尿素溶液喷布叶片。

**2. 缺磷症**

（1）症状。缺磷较重的桃园，新生叶片小，叶柄及叶背的叶脉呈紫红色，以后呈青铜色或褐色，叶片与枝条呈直角。

（2）发生规律。由于磷可从老熟组织转移到新生组织中被重新利用，因此老叶片先表现症状。缺磷初期，叶片较正常，或者变为浓绿色、暗绿色，似氮肥过多。叶肉革质，扁平且窄小。缺磷严重时，老叶片往往形成黄绿色或深绿色相间的花叶，叶片很快脱落，枝条纤细。新梢节短，甚至呈轮生叶，细根发育受阻，植株矮化。果实早熟，汁液少，风味不良，并有深的纵裂和流胶。土壤碱性较大时，不易出现缺磷现象，幼龄树缺磷受害最显著。南方比北方桃园更易于出现缺磷症状。

（3）防治方法。①增施有机肥料。秋季施入腐熟的有机肥，施入量为桃果产量的2～3倍。②施用化肥。施用过磷酸钙、磷酸二铵或磷酸二氢钾。将过磷酸钙或磷酸二氢钾混入有机肥中一并施用，效果更好。磷肥施用过多时，可引起缺铜、锌现象。轻度缺磷的桃园，生长季喷0.1%～0.3%的磷酸二氢钾溶液2～3遍，可使症状得到缓解。

**3. 缺钾症**

（1）症状。缺钾症的主要特征是叶片卷曲并皱缩，有时呈镰刀状。晚夏以后叶片变浅绿色。严重缺钾时，老叶主脉附近皱缩，叶缘或近叶缘处出现坏死，形成不规则边缘和穿孔。

（2）发生规律。缺钾初期，表现枝条中部叶片皱缩。继续缺钾时，叶片皱缩更明显，扩展也快。此时遇干旱，易发生叶片卷曲现象，以至全树呈萎蔫状。缺钾而卷曲的叶片背面，常变成紫红色或淡红色。新梢细短，易发生生理落果，果个小，花芽少或无花芽。

在细沙土、酸性土和有机质含量低的土壤易出现缺钾症，在钙和镁施用量较大的土壤也易表现缺钾症。在沙质土中施石灰过多，可降低钾的有效性。在轻度缺钾的土壤中施用氮肥时，刺激桃树生长，更易表现缺钾症。桃树缺钾，容易遭受冻害或旱害，钾肥过多，会引起缺硼。南方酸性土壤比北方土壤更容易出现缺钾症状。

（3）防治方法。桃树缺钾，应在增施有机肥的基础上注意补施一定量的钾肥，避免偏施氮肥。生长季喷施 0.2％磷酸二氢钾、硫酸钾或硝酸钾 2～3 次，可明显防治缺钾症状。也可施硅酸盐细菌肥，与有机肥配合施用效果更好。

**4. 缺铁症**

（1）症状。桃树缺铁主要表现叶脉保持绿色，而脉间褪绿。严重时，整个叶片全部黄化。最后白化，导致幼叶和嫩梢枯死。

（2）发病规律。①由于铁在植物体内不易移动，缺铁症从幼嫩叶上开始。开始叶肉先变黄，而叶脉保持绿色，叶面呈绿色网纹失绿。随着缺铁加重，整个叶片变白，失绿部分出现锈褐色枯斑或叶缘焦枯，引起落叶，最后新梢顶端枯死。②一般树冠外围、上部的新梢顶端叶片发病较重，往下的老叶病情依次减轻。③土壤因素。土壤 pH 影响黄化的发生程度，碱性大时黄化严重。南方土壤，如上海、江苏和浙江等大多为酸性土壤，一般不易于发生缺铁症状。西南地区的四川龙泉驿山区部分桃园土壤 pH 较高，也易于发生叶片黄化现象。河北中南部部分地区土壤 pH 较高，发生缺铁黄化的桃园较多。在盐碱土或钙质土，桃树缺铁较为常见。不同的土壤施肥种类也影响黄化现象的发生，长期使用化肥者黄化重。重茬桃园易发生黄化现象。④根系因素。当根系感染某种病害时，也会表现出黄化现象。伤根较多时黄化更加明显。⑤栽培因素。长时间负载量大易于加重黄化。浇水过多或雨水较多时，土壤通气性差，降低根系的吸收能力，黄化加重。⑥砧木因素。不同砧木抗黄化的能力不同。桃树的砧木多为实生繁殖，每株之间存在着差异，有时将黄化株刨掉，再重新栽一株，黄化现象便消失。⑦其他因素。高接往往导致黄化发生。

从总体来看，黄化问题虽然表现在叶片上，但其实质问题，可能是由于某种原因导致根系的生理活动受到影响，致使根系的吸收功能降低。黄化现象有时是可以逆转的，有的发生严重时，难以恢复，甚至有的黄化几年后死亡。

（3）防治方法。①增施有机肥或酸性肥料等，降低土壤pH，增加铁的有效性，促进桃树对铁元素的吸收利用。②缺铁较重的桃园，可以施用可溶性铁。如螯合铁和柠檬酸铁等。目前，也有一些治疗黄化的产品（叶面肥或土施肥），要进行小型试验后，再大面积应用。③在发病桃树周围挖 8～10 个小穴，穴深 20～30 厘米，穴内施翠恩 1 号溶液，每株施用量与树体大小和黄化程度有关，也可围绕桃树冠周围，挖一环状沟，施用量可根据说明书中要求施用，效果较好，尤其适用于幼树。④加强水肥管理，合理负载。适时适量灌水，土肥管理要科学，减少伤根。适量留果，不要结果太多。高接时，除保留嫁接芽外，还可先保留一些不影响接芽生长的其他水平或下垂枝条。⑤当黄化株较严重、不易逆转时，可以考虑再重新栽树。

**5. 缺锌症**

（1）症状。桃树缺锌症主要表现为小叶，所以又称为"小叶病"。新梢节间短，顶端叶片挤在一起呈簇状，有时也称为"丛簇病"。

（2）发生规律。桃树缺锌症以早春症状最明显，主要表现于新梢及叶片，而以树冠外围的顶梢表现最为严重。一般病枝发芽晚，叶片狭小细长，叶缘略向上卷，质硬而脆，叶脉间呈现不规则的黄色或褪绿部位，这些褪绿部位逐渐融合成黄色伸长带，从靠近中脉至叶缘，在叶缘形成连续的褪绿边缘。和缺锰症不同的是，多数叶片沿着叶脉和围绕黄色部位有较宽的绿色部分。由于这种病梢生长停滞，故病梢下部可另发新梢，但仍表现出相同的症状。病枝上不易形成花芽，影响坐果，果个小而畸形。

缺锌和下列因素有关：①沙土果园土壤瘠薄，锌的含量低；②透水性好的土壤，灌水过多时，易造成可溶性锌盐流失；③氮肥施用量过多造成锌需求量增加；④盐碱地，锌易被固定，不能被根系吸收；⑤土壤黏重、活土层浅、根系发育不良者易缺锌；⑥重茬果园或苗圃地更易患缺锌症。南方土壤黏重的桃园，易于发生缺锌症，北方盐碱地严重者，也易于发生缺锌症。

（3）防治方法。①土壤施锌。结合秋施有机肥，每株成龄树加施 0.3～0.5 千克硫酸锌，翌年见效，持效期长达3～5 年。②树体喷锌。发芽前喷 3%～5%硫酸锌溶液，或发芽初喷 0.1%硫酸锌溶液，花后 3 周喷 0.2%硫酸锌加 0.3%尿素，可明显减轻症状。

**6. 缺硼症**

（1）症状。桃树缺硼可使新梢在生长过程中发生"顶枯"，也就是新梢从上往下枯死。在枯死部位的下方，会长出侧梢，使大枝呈现丛枝状。在果实上表现为：发病初期，果皮细胞增厚，木栓化，果面凹凸不平，以后果肉细胞变褐木栓化。

（2）发生规律。由于硼在树体组织中不能贮存，也不能从老组织转移到新生组织中去，因此，在桃树生长过程中，任何时期缺硼都会导致发病。除土壤中缺硼引起桃缺硼症外，其他因素还有：①土层薄，缺乏腐殖质和植被保护，易造成雨水冲刷而缺硼；②土壤偏碱或石灰过多，硼被固定，易发生缺硼；③土壤过分干燥，硼也不易被吸收利用。北方土壤偏碱，或易于发生干旱，比南方土壤更易于发生缺硼症。

（3）防治方法。①土壤补硼。秋季或早春，结合施有机肥加入硼砂或硼酸。可根据树体大小确定施肥量，树体大者，多施；反之，少施，一般为 100～250 克。一般每隔 3～5 年施1 次。②树上喷硼。强盐碱性土壤由于硼易被固定，采用喷施效果更好，发芽前树体喷施 1％～2％硼砂水溶液，或分别在花前、花期和花后各喷 1 次 0.2％～0.3％硼砂水溶液。

**7. 缺钙症**

（1）症状。桃树对缺钙最敏感。主要表现在顶梢上的幼叶从叶尖端或中脉处坏死，严重缺钙时，枝条尖端及嫩叶似火烧般地坏死，并迅速向下部枝条发展。

（2）发生规律。钙在较老的组织中含量特别多，但移动性很小，缺钙时首先是根系生长受抑制，从根尖向后枯死。春季或生长季表现叶片或枝条坏死，有时表现许多枝异常粗短，顶端深棕绿色，花芽形成早，茎上皮孔张大，叶片纵卷。

（3）防治方法。①提高土壤钙的有效性。增施有机肥料，酸性土壤施用适量的石灰，可以中和土壤酸性，提高土壤有效钙的含量。②土壤施钙。秋施基肥时，每株施 500～1 000 克石膏（硝酸钙或氧化钙），与有机肥混匀，一并施入。③叶面喷施。在沙质土壤，叶面喷施 0.5％的硝酸钙，重病树一般喷3～4 次即可。

**8. 缺锰症**

（1）症状。桃树对缺锰敏感，缺锰时，嫩叶和叶片长到一定大小后呈现特殊的侧脉间褪绿。严重时，脉间有坏死斑，早期落叶，整个树体叶片稀少，果实品质差，有时出现裂皮。

（2）发生规律。土壤中的锰以各种形态存在，当腐殖质含量较高时，呈可吸收态；土壤为碱性时，则呈不溶解状态；土壤为酸性时，常由于锰含量过多，而造成中毒。春季干旱，易发生缺锰症。树体内锰和铁相互影响，缺锰时易引起铁过多；反之，锰过多时，易发生缺铁症，因此，树体内铁和锰比例应保持在一定范围内。南方酸性土壤锰离子易呈溶解状态，一般不易于发生缺素；相反，北方土壤 pH 较大，易发生缺锰症。

（3）防治方法。①增施有机肥，提高锰的有效性。增施有机肥，增加土壤有机质含量，提高锰的有效性。②调节土壤pH。强酸性土壤避免施用生理酸性肥料，控制氮、磷的施用量。碱性土壤可施用生理酸性肥料。③土壤施锰。将适量硫酸锰与有机肥料混合施用。④叶面喷施锰肥。早春喷 400 倍硫酸锰溶液。

**9. 缺镁症**

（1）症状。缺镁时，较老的绿叶在叶脉之间产生浅灰色或黄褐色斑点，严重时斑点扩大到叶边缘。初期症状出现褪绿，颇似缺铁，严重时引起落叶，从下向上发展，只有少数幼叶仍然附着于梢尖。当叶脉之间绿色消退，叶组织外观像一张灰色的纸，黄褐色斑点增大直至叶的边缘。

（2）发生规律。酸性土壤或沙质土壤镁易流失，强碱性土壤镁也会变成不可吸收态。施钾或磷过多，常会引起缺镁症。南方酸性土壤和北方强碱性土壤均可能发生缺镁症。

（3）防治方法。①增施有机肥，提高土壤中镁的有效性。②土壤施镁。酸性土壤可施镁石灰或碳酸镁，中和酸度。中性土壤可施用硫酸镁。也可每年结合施有机肥，混入适量硫酸镁。③叶面喷施。一般在 6～7 月喷 0.2%～0.3%的硫酸镁，效果较好。但叶面喷施可先做单株试验后再普遍喷施。

## （九）施肥量

**1. 影响施肥量的因素**

（1）品种。开张型品种如大久保，生长较弱，结果早，应多施肥；直立型品种，生长旺，可适量少施肥。坐果率高、丰产性强的品种应多施肥；反之，则少施。

（2）树龄、树势和产量。树龄、树势和产量三者是相互联系的。树龄小的树，一般树势旺、产量低，可以少施氮肥，多施磷、钾肥；成年树，树势减弱，产量增加，应多施肥，注意氮、磷和钾肥的配合，以保持生长和结果的平衡；衰老树长势弱，产量降低，应增施氮肥，促进新梢生长和更新复壮。

一般幼树施肥量为成年树的 20％～30％，四至五年生树为成年树的 50％～60％，六年生以上的树达到盛果期的施肥量。

（3）土质。土壤瘠薄的沙土地、山坡地，应多施肥。肥沃的土地，应相应少施肥。

**2. 确定施肥量的方法**

（1）配方施肥。通过叶片营养分析和土壤营养元素分析，进行配方施肥，这方面的工作开展很少，没有形成可供参考的施肥量，应加强这方面的研究。

（2）施肥试验。由于桃树为多年生作物，施肥试验需要较长的时间，这方面工作开展较晚，只有一些零星资料，尚不完整。

（3）经验施肥。现在的施肥多处于经验施肥阶段。各地根据多年的施肥实践，总结出了适宜当地的施肥量（表 5-6）。

表 5-6　各地经验施肥量

| 地区 | 项目 | 施肥种类和数量 |
| --- | --- | --- |
| 北京平谷 | 每亩施肥量（成年树） | 农家肥 5 000 千克，过磷酸钙 150 千克，桃树专用肥 84～140 千克（含氮、磷、钾分别为 10％、10％和 15％），喷施 0.4％尿素和 0.3％磷酸二氢钾各 1 次 |

（续）

| 地区 | 项目 | 施肥种类和数量 |
|---|---|---|
| 河北石家庄 | 每亩施肥量 | 优质有机肥（鸡粪）5 000 千克，过磷酸钙 200 千克，尿素 30～40 千克，硫酸钾 40 千克 |
| 山东肥城 | 每株施肥量（成年树） | 基肥 100～200 千克，豆饼 2.5～7 千克（或人粪尿 50 千克） |
| 江苏 | 每株施肥量（成年树） | 饼肥 5 千克（或猪粪 60 千克），磷矿粉 5 千克，尿素 1.5 千克 |

# 三、灌　水

## （一）桃树需水特点

桃树对水分较为敏感，表现为耐旱怕涝。但自萌芽至果实成熟需要供给充足的水分才能满足正常生长发育的需求。适宜的土壤水分，有利于桃开花、坐果、枝条生长、花芽分化、果实生长与品质提高。在桃树整个生长期，土壤含水量在40％～60％的范围内有利于枝条生长与生产优质果品。试验结果表明，当土壤含水量降到10％～15％时，枝叶会出现萎蔫现象。一年内不同的时期对水分的要求不同，桃树有两个关键需水时期，即花期和果实第二膨大期。若花期水分不足，则萌芽不正常，开花不整齐，坐果率低；果实第二膨大期如土壤干旱，会影响果实细胞体积的增大，减少果实重量和体积。这两个时期应尽量满足桃树对水分的需求。因此，需根据不同品种、树龄、土壤质地和气候特点等来确定桃园灌溉时期和用量。

## （二）灌水的时期

**1. 萌芽期和开花前**　这次灌水是补充长时间的冬季干旱，

为桃树萌芽、开花、展叶，提高坐果率和早春新梢生长，扩大枝、叶面积做准备。此次灌水量要大。在南方正值雨水较多的季节，要根据当年降水情况安排灌水，以防水分过多。

**2. 花后至硬核期**　此时枝条和果实均生长迅速，需水量较多，枝条生长量占全年总生长量的50%左右。但硬核期对水分也很敏感，水分过多则新梢生长过旺，与幼果争夺养分，会引起落果。因此，灌水量应适中，不宜太多。在南方正遇梅雨季节，应根据具体情况确定，如雨水过多，需加强排水。

**3. 果实膨大期**　一般是在果实采前20天左右，此时水分供应是否充足对产量影响很大。在北方还未进入雨季，早熟品种需进行灌水。中、早熟品种成熟以后（石家庄地区6月底）已进入雨季，灌水与否及灌水量视降雨情况而定。此时灌水也要适量，灌水过多，有时会造成裂果、裂核。南方此时正为旱季，特别是7月下旬至8月，应结合施肥灌水。

**4. 休眠期**　我国北方秋冬干旱，在入冬前充分灌水，有利于桃树越冬。灌水的时间应掌握在以水在田间能完全渗下去而不在地表结冰为宜。石家庄地区以11月底至12月初为宜。

## （三）灌水方法

**1. 地面灌溉**　有畦灌和漫灌，即在地上修筑渠道和垄沟，将水引入果园。其优点是灌水充足，保持时间长，但用水量大，渠、沟耗损多，浪费水资源，目前，我国大部分仍采用此方法。

**2. 喷灌**　喷灌在我国发展较晚，近10年发展迅速。喷灌比地面灌溉省水30%～50%，并有喷布均匀，减少土壤流失，调节果园小气候，增加果园空气湿度，避免干热、低温和晚霜对桃树的伤害等优点。同时，喷灌节省土地和劳力，便于机械化操作。

**3. 滴灌** 滴灌是将灌溉用水在低压管系统中送达滴头，由滴头形成水滴后，滴入土壤，用水量仅为沟灌的 1/5～1/4，是喷灌的 1/2 左右，而且不会破坏土壤结构，不妨碍根系的正常吸收，具有节省土地、增加产量、防止土壤次生盐渍化等优点。有利于提高果品产量和品质，是一项有发展前途的灌溉技术，特别在我国缺水的北方，应用前途广阔。

滴灌系统主要由水泵、过滤器、压力调节阀门、流量调节器及化肥混合罐、输水管道和滴头等部分组成。桃园进行滴灌时，滴灌的次数和灌水量，依灌水时期和土壤水分状况而不同。在桃树的需水临界期进行滴灌时，春旱年份可隔天灌水，一般年份可 5～7 天灌水 1 次。每次灌溉时，应使滴头下一定范围内土壤水分达到田间最大持水量，而又无渗漏为最好。采收前灌水量，以使土壤湿度保持在田间最大持水量的 60% 左右为宜。

生草桃园，更适于进行滴灌或喷灌。

### （四）灌水与防止裂果

**1. 易裂果的品种** 有些桃品种易发生裂果，如中华寿桃、21 世纪，一些油桃品种也易发生裂果。

**2. 水分与裂果的关系** 桃果实裂果与品种有关，也与栽培技术有关，尤其与土壤水分状况更为密切。土壤水分变化对裂果有较大的影响，试验结果表明，在果实生长发育过程中，尤其是接近成熟期时，如土壤水分含量发生骤变，裂果率增高，土壤一直保持相对稳定的湿润状态，裂果率较低，这说明桃果实裂果与土壤水分变化程度有较大关系。为避免果实裂果，要尽量使土壤保持稳定的含水量，避免前期干旱缺水，后期大水漫灌。

**3. 防止裂果适宜的灌水方法** 滴灌是最理想的灌溉方式，它可为易裂果品种生长发育提供较稳定的土壤水分，有利于果肉细胞的平稳增大，减轻裂果。如果是漫灌，也应在整个生长期保持水分平衡，果实发育的第二次膨大期适量灌水，保持土壤湿度相对稳定，在南方要注意雨季排水。

## （五）南方桃树避雨栽培

**1. 避雨栽培优点**　南方桃树尤其是油桃可以进行避雨栽培。

（1）有利于桃树花期的授粉，提高产量。桃树开花季节正值南方出现低温阴雨天气，并伴有寒潮，严重影响桃树的正常开花、授粉受精和坐果，甚至造成绝产。采用避雨栽培可有效避免低温阴雨天气的影响。

（2）防止油桃裂果。如果油桃成熟时正值雨季，会引起油桃裂果。采用设施栽培可有效防止雨水的影响，避免裂果发生。

（3）可提前3～5天成熟。

（4）病虫害发生较少。

避雨栽培也存在果实品质下降、技术要求相对较高和成本高的缺点。

**2. 避雨栽培技术**

（1）避雨棚结构。大棚结构采用单栋或拱形钢管或竹木棚，水泥柱作立柱，镀锌钢管作拱架，棚宽5.0～6.0米、顶高3.5～3.8米，长度根据桃树面积确定。覆盖聚氯乙烯无滴膜。

（2）管理技术。

①扣、揭棚时间。扣棚时间应在春节前后，揭棚时间应在果实全部采收后。

②保持棚内通风，避免温度过高。扣棚时，不宜将棚完全封闭。扣棚初期，封住顶部及两端，两侧微露。始花后，可将两端薄膜也揭开，以利通风，促进花粉传播。此时，应根据天

气变化，通过封闭或打开两端、两侧的棚膜来灵活调节棚内温度。遇寒潮时，尽快将薄膜全部扣上。全部封闭后，每天还应打开两端的门进行适时通风。

③重视修剪。油桃树势旺盛，在设施条件下栽培又受到空间限制，因此更需重视树体的控制。

### （六）涝灾与排水

桃树怕涝，应及时排出桃园积水。在武汉地区，渍水是造成桃园死树和流胶病大量发生的主要原因。长江流域在每年6～7月是梅雨期，要及时清沟排渍，降低园内湿度，提高根系透气性，以增强树势和树体抗病力，减少病害发生。

**1. 深沟高畦**　南方多雨，平地桃园可采取深沟高畦栽培桃树。畦面中心高、两侧低，成鱼背形状。为了降低地下水位和及时排除雨水，果园要有总排水沟、腰沟和垄沟。总排水沟位于果园四周，要求宽 0.8～1.0 米、深 1.0～1.2 米。每50 米挖腰沟，要求宽 50 厘米、深 60 厘米，另外，每垄要有1 条垄沟，宽 40 厘米，深 30 厘米，使畦沟内的水顺畅地流入总排水沟。总排水沟易积淤泥，应定期清除。

**2. 山地开设纵横排水系统**　根据梯田修筑，横向排水沟设在梯田内侧，与等高线平行。纵排水沟与等高线垂直，从上而下，使水顺山势排泄，纵横排水沟连通，将横沟的水排到纵沟。如园地坡度太大，纵排水沟可分段设置水坝，以缓和水势，减少土壤冲刷。

**3. 低洼易积水的地区应修好排水系统**　排水系统可以使雨水顺畅地排出桃园。

**4. 换土和土壤改良**　对底土有不透水层的地方，应进行换土和土壤改良，打开不透水层，必要时可开沟换土栽植。

**5. 其他措施**　可选抗涝害能力较强的砧木，桃园中不种植阻水作物，以利于顺畅排水。

## （七）节水措施及北方春季干旱应对措施

**1. 北方桃产区的节水措施** 北方尤其是西北地区，缺水严重，推广节水措施已迫在眉睫。前面已介绍了喷灌和滴灌，下面重点介绍一下塑料管道、沟灌、调亏灌溉和根系分区灌溉。

（1）塑料管道。塑料管道有两种：一种是适用于地面输水的维塑管道，另一种是埋入地下的硬塑管道。地面管道输水有使用方便、铺设简单、可以随意搬动、不占耕地和用后易收藏等优点，最主要的是可避免沿途水量的蒸发渗漏和跑水。据实测，水的有效利用率98%，比土渠输水节省30%～36%。地下管道输水灌溉有技术性能好、使用寿命长、节水、节地、节电、增产、增效和输水方便等优点。

（2）沟灌。沟灌时，在果园行间开一条宽40～60厘米、深20～30厘米的条状沟，通过沟向果园灌水，使水渗透至整个果园。沟灌有以下优点。

①节水。灌溉水经沟底和沟壁渗入土壤中，水分的蒸发量与流失量较少，达到节水效果。

②减轻土壤板结。灌溉水经沟底和沟壁渗入土中，对全园土壤浸湿较均匀，可防止土壤结构的破坏，使土壤保持良好的通气性能，有利于土壤微生物的活动，减轻了大水漫灌引起的土壤板结。

③保土保肥。大水漫灌很容易造成土肥的流失，沟灌水只在沟内流，大大减轻了果园中的土肥流失。

④不易传播病害。

（3）调亏灌溉。调亏灌溉技术是在亏缺灌溉（EDI）技术的理论基础上发展起来的灌溉方法。桃树调亏灌溉是在桃树某一生长发育阶段，人为地施加一定程度的水分胁迫，改变植物的生理生化过程，调节光合产物在不同器官之间的分配，在不明显降低产量前提下，提高水肥利用效率和改善果实品质。

桃果实生长可分为 3 个阶段，第一和第三阶段果实生长快，第二阶段较慢；而对应的枝条生长在第一和第二阶段快，第三阶段基本停止生长。果树实施调亏灌溉的时期是在果实生长的第一阶段后期（约开花后 4 周）和第二阶段，在此期间严格控制灌溉次数及灌溉水量，使植株承受一定程度的水分亏缺，控制营养性生长；到果实快速生长的第三阶段，对植株恢复充分灌溉，使果实迅速膨大。

（4）根系分区灌溉。根系分区灌溉是一种新型节水灌溉技术，是指仅对植株部分根系灌水，其余根系受到人为的干旱控制，灌溉区根系吸水维持植株正常的生理活动，植株减小了气孔开度，降低了蒸腾速率，达到了节水目的。分区灌溉又可分为交替灌溉和固定灌溉。同时可以平衡果树营养与生殖生长的矛盾，在取得一定产量的同时，又限制了过多的营养生长，不仅可提高水分利用率，降低修剪强度，还因树体通风透光性加强而有利于提高果实品质。分区灌溉又可分为交替灌溉和固定灌溉，根系分区交替灌溉和固定灌溉比常规灌溉节水 50%。

**2. 桃树春季干旱应对措施**

（1）适时浇水，及时中耕。对于严重缺墒的桃园，要尽早浇水。以当日平均气温稳定在 3℃以上、白天浇水后能较快渗下为前提。提倡使用节水灌溉技术，有条件的桃园可进行喷灌。对于有一定墒情的桃园可以全园浅锄 1 次，深度为 5～10 厘米，可以起到较好的保墒效果。

（2）充分利用自然降水。高海拔干旱山区要抓住降雨时机，充分利用现有集雨集水设施集蓄雨水，增加抗旱水源。

（3）树盘覆膜。灌水后，可覆盖农膜。结果大树可在树盘内沿树两侧各 1 米整行覆盖农膜。幼树以树干为中心，覆盖要整成内低外高，利于接纳雨水和浇灌。或者沿树 1 米宽整行覆盖。膜的四周用细土压实，间隔 3～5 米压 1 个土塄，以防风卷。

（4）桃园覆草。桃园覆草的主要草源是作物秸秆。桃园覆草能有效地减少土壤水分的地面蒸腾，增加土壤蓄水保水和抗旱能力，还可以充分利用自然降水。

（5）及时修剪，保护较大的伤口。对桃树及时进行修剪，并对较大的伤口进行涂油漆保护，可防止水分蒸发和病虫害侵染。

# 第六章
# 花果管理

## 一、与花果管理有关的生物学特性

**1. 开花特性**　开花与温度有密切关系。只要温度适宜，白天和晚上都可以开花。

**2. 无花粉品种坐果具有不确定性**　当给无花粉品种上指定的花授粉时，不是授过粉的花都可以坐果，因此要适当增加无花粉品种的留枝量。

**3. 无花粉品种之间坐果率有明显差异**　无花粉品种之间坐果率不同。如华玉、新川中岛等品种坐果率相对高一些，而早凤王、红岗山等品种相对较低。

**4. 授粉昆虫（如蜜蜂）在桃树上的授粉特性**　按其主要功能，授粉昆虫可以分为采蜜和采粉的两种类型。采粉的蜜蜂只到有花粉的花上去，很少到无花粉品种上去，这是由于无花粉品种花药内没有花粉，授粉昆虫（如蜜蜂等）也就不去采粉，或访花率较低。而采蜜的蜜蜂既可以到有花粉品种上去，也可以到无花粉品种上去，因为不管是哪种花，其萼筒内均有花蜜可供蜜蜂采集。只有采蜜的蜜蜂才到无花粉的花上去，但采蜜的昆虫身体上沾的花粉量较少，因此，采用蜜蜂给无花粉品种授粉，授粉效果也较差，坐果率低。但观察表明，蜜蜂采粉也有误采，也就是采粉的蜜蜂也到无花粉的花上去，但是概率低，时间短。如加大蜜蜂的数量，能取得较好的效果。

**5. 其他特性**

（1）桃果实核尖硬化 10 天时，幼果大小与成熟时的果实大小有密切关系。对于同一个品种来说，如果桃果实核尖硬化10 天时的幼果越大，成熟时的果实就越大。要通过增加树体贮藏营养，及时疏花疏果和合理负载等措施，让果实在核尖硬化 10 天时的果实尽量达到最大，为生产大果型果实奠定基础。

（2）果实品质的形成是在一定的光照条件下进行的。光照条件好时，果实的内在品质如可溶性固形物含量和香味等才能充分表达出来，如果不见光或光照差，果实内在品质较差。

另外，各种果枝均可结果，但不是所有的枝条都可结出优质果实。在水平枝或斜生枝条上坐果较好，某些品种在较细的果枝上，更易长成较大的果实。

# 二、授粉与坐果

## （一）影响授粉和坐果的因素

**1. 品种**　不同品种的自然坐果率和自花结实率有一定差异。一般有花粉品种坐果率高，在生产中不需要配置授粉品种，也不需要进行人工授粉。而无花粉品种坐果率相对较低。值得一提的是，有些无花粉品种，如八月脆、仓方早生、华玉和早凤王等，近几年表现较好，在市场上深受欢迎，要想获得理想的产量，必须在配置足量授粉树的基础上，加强人工授粉。

**2. 花器质量**　花芽及花的质量好坏与坐果和果实大小有很大的关系。花芽分化质量好，冬季树体营养贮备充足时，花的质量好，柱头接受花粉能力强，坐果率高，将来长成大果的可能性较大。长果枝中上部的花芽质量较好，所结的果实较大。

**3. 气候因素**　桃树开花期的温度与授粉和坐果有密切的关系。当花期温度在18℃左右时，花期持续时间较长，授粉机会多，坐果率高，相反，如花期温度高于25℃，则花期较短，开花速度快，坐果率则低。试验表明，在人工条件下，桃花粉在18～28℃，温度越高，发芽率也越高；0～6℃，也有相当数量的花粉能够发芽；当温度在28℃时，桃花粉发芽率为87.1%，而在4～6℃时，发芽率为72.4%，温度在0～2℃时，发芽率为47.2%，这就给人们提供一个信息，即使花期遇上寒流，对桃树来说，还有相当数量的花能够授粉。花期微风有利于授粉，但如遇大风，则柱头易干，不利于授粉。

## （二）人工授粉

对于无花粉品种，在培养中庸树势和适宜结果枝的基础上，要进行人工授粉。

**1. 采花蕾**　选择生长健壮、花粉量大、花期稍早于无花粉品种的桃树品种，摘取含苞待放的花蕾（大气球期）。采花蕾既不能太早，也不能太迟，采得太早，花粉粒还未形成好，采得太迟，花粉已散开。

**2. 制粉**　从花蕾中剥出花药，用细筛筛一遍，除去花瓣、花丝等杂质。将花药薄薄地铺在表面比较光亮的纸（如挂历纸等）上，置于室内阴干，室内要求干燥、通风、无尘、无风，大约24小时，花药自动裂开，花粉散出。将花粉装入棕色玻璃瓶中，放在冰箱冷藏室内储存备用。注意花粉不要在阳光下曝晒或在锅中炒，以免失去活力。

**3. 授粉**

（1）时间。授粉在初花期至盛花期进行。只要温度合适，桃树在一天中会不停地开花，温度高时，开花多；反之，则少。上午可授前一天晚上和上午开的花，下午授上午和下午开的花。可以说一天内均可进行授粉。关键是要授柱头上已出现黏液的花，花瓣、花丝和柱头已变红的花，其柱头上黏液较少，柱头接受花粉的能力已下降，不宜再授粉。全园一般应进行 2～3 次。

（2）部位。采用人工点授的方法，用容易黏着花粉的橡皮头、软海绵或纸捻等蘸上花粉，点授位于花中央的柱头，逐花进行。无花粉品种柱头与花药的相对位置有两种情况，一是柱头比花药高，二是柱头比花药高，但柱头弯曲后便与花药等高。柱头比花药高的品种，其产量低，一般无花粉品种的柱头比花药高。进行授粉时一定要将花粉授到柱头上，要用蘸有花粉的软海绵或纸捻等垂直去接触柱头，而不是将其随便在花的中央位置压一下就可。对于弯曲的柱头来说，这样做的结果可能是花粉没有授到柱头上。

### （三）蜜蜂授粉

据河北省农林科学院石家庄果树研究所观察，由于无花粉品种花中没有花粉，所以采粉蜜蜂一般不去访问，只有采蜜的蜜蜂才去访问，而采蜜的蜜蜂其身上及腿部不粘着花粉，所以授粉效果极差。据试验，只有将蜜蜂数量扩大到一般有花粉的 2～3 倍以上时才能取得较好效果。

蜜蜂活动较易受气候好坏的影响，如气温在 14℃ 以下，几乎不能活动，在 21℃ 活动最好，有风则不利于蜜蜂活动访花，风速在 11.2 米/秒时就停止活动，降雨也影响蜜蜂活动。花期不宜打药。

### （四）双胞胎果和桃奴的形成

**1. 双胞胎果** 双胞胎果的发生与气候有关。主要是与上一年夏季花芽分化时异常高温干旱及当年花期温度骤然升高有关。不同年份、不同地点、不同品种及不同果枝类型发生情况不同。短果枝上双胞胎果多于长果枝，单花芽双胞胎果多于双花芽。不同品种表现不同，差别很明显。2014年湖北及河南等地双胞胎果比往年多，但不影响产量。如设施桃休眠不足或花前温度高，则双胞胎果比例相对较高，2014年调查，河北昌黎休眠不足的设施桃树果实双胞胎果比例极高。

**2. 桃奴** 一些无花粉的品种，未经授粉受精而结实，称为单性结实，所结的果实称为单性果，俗称桃奴。自然状态的深州蜜桃、丰白和安农水蜜等品种也都会结一定数量的桃奴。桃奴的基本特征是核薄，有种皮，无种仁或种仁很小，果小（重10~20克，为正常果重的1/5~1/10）、畸形、肉硬、汁少、成熟后口味甜，无商品价值。一些有花粉品种有时也会形成桃奴。在旺长或衰弱的桃园中，易产生桃奴。桃奴的产生与品种有关，也与气候有关。生产中尽量减少桃奴的产生，应做到：①采用正确的授粉方法，确保进行有效授粉，提高坐果率；②使树势保持中庸状态；③保持通风透光，提高花芽质量；④合理施肥，尤其是增施有机肥。

# 三、疏花疏果

## （一）疏花疏果的好处

**1. 增加单果重** 桃树品种大多坐果率高，如果不疏果，果个小，即使产量高，也不能获得高的效益。

**2. 提高果实品质** 疏花疏果可以增加外在品质（果实颜色和果形等），也可增加内在品质（可溶性固形物含量、香味、营养成分和可食率等）。

**3. 调节营养生长与生殖生长的平衡，保证有合适的枝果比和叶果比** 疏果后，可以在结果的同时，当年抽生出适宜的枝条，一方面制造营养物质满足当年果实和枝叶生长的需要，另一方面还可抽生出翌年适宜的结果枝。如果不进行疏果，将会结果过多，不能抽生出供当年制造营养和翌年结果用的结果枝。

### （二）疏花疏果的时期

**1. 疏花的时期**　疏花是在开花前至整个开花期进行。对于坐果率特别高且果枝上不同部位果实大小差异不明显的品种，可以进行疏花。对易受冻害的品种、无花粉品种及处于易受晚霜、风沙、阴雨等不良气候影响地区的桃树，一般不进行疏花。

**2. 疏果时期**　疏果的时间与当年花期气候的好坏有关。花期气温低时适当晚疏果。坐果率高或大小果表现较早的品种可以早疏，坐果低或大小果表现较晚的品种要适当晚疏。

桃疏果分两次进行，第一次疏果一般在落花后 15 天左右，能辨出大小果时方可进行。留果量为最后留果量的 2～3 倍。

第二次疏果即定果，定果时期是在完成第一次疏果之后，就开始进行定果，大约在花后 1 个月进行，硬核之前结束。

### （三）疏花疏果的方法

**1. 疏花方法**　疏去晚开的花、畸形花、朝天花和无枝叶的花。要求保留结果枝中上部的花，疏花量一般为总花量的 1/3。

**2. 疏果方法**　疏果时疏除短圆形果，保留长圆形果，长形果将来长成的果实较大。疏除朝天果，保留侧生果，并生果去一留一。疏除小果、萎黄果、畸形果和病虫害果。采用长枝修剪时，疏去长果枝基部的果，保留中上部的果。弱果枝和花束状果枝一般不留果，预备枝不留果。留果数量要考虑果实大小。一般长果枝留果 3～5 个（大中型果留 3 个，小型果留

4～5个），中果枝留1～3个（大中型果留1～2个，小型果留2～3个），短果枝留1个或不留（大中型果每2～3个果枝留1个果，小型果每1～2个枝留1个果）。也可根据果间距进行留果，果间距为15～25厘米，依果实大小而定。留果量与树体部位及树势有关。树体上部的结果枝要适当多留果，下部的结果枝，少留果，以果控制旺长，达到均衡树势的目的。树势强的树，多留果，树势弱，少留果。

# 四、果实套袋

## （一）果实套袋的优点

**1. 提高果品质量** 套袋可以提高果实外在品质，可以明显改善果面色泽，使果面干净、鲜艳，提高果品外观质量。如燕红桃，果面为暗紫红色。经过套袋，变为粉红色，色泽艳丽。对于不易着色的晚熟品种，如中华寿桃、晚蜜等，经过套袋，全面着色，艳丽美观，果实表面光洁，消费者喜爱。

**2. 减轻病虫危害及果实农药残留** 果实套袋可有效地防止食心虫、椿象及桃炭疽病、褐腐病的危害，提高优质果率，减少损失。同时，由于套袋给果实创造了良好的小气候，避开了与农药的直接接触，果实中的农药残留也明显减少，已成为生产安全果品的主要手段。

**3. 防止裂果** 由于果实发育期长，一些晚熟品种果实长期受不良气候因素、病虫害、药物的刺激和环境影响，表面老化，在果实进入第三生长期时，果皮难以承受内部生长的压力，易于发生裂果。据调查，中华寿桃一般年份裂果率达30%，个别年份高达70%。如进行套袋，可以有效地防止裂果，裂果率可降低到1%。

**4. 减轻和防止自然灾害** 近几年，自然灾害发生频繁，如夏季高温、冰雹等在各地时有发生，给桃树生产带来了一定损失。试验证明，对果实进行套袋，可有效地防止果实日烧，并可减轻冰雹危害。

但是，果实套袋降低果实的内在品质。主要表现为果实的可溶性固形物含量下降，香味变淡，同时增加了生产成本。

## （二）果实袋分类

**1. 按层数划分**  按层数划分可以分为单层、双层和三层袋。单层又可分为白色、浅黄色、黄褐色、黑色和灰褐色，双层分为外灰内黑、外黄内黑、外花内黑、外灰黄内黑、外黄内白和外白内黄等。

**2. 按材料划分**  按制作材料可以分为纸袋和塑料袋，纸袋又分为报纸袋、新闻纸和牛皮纸袋等。有的三层袋中有无纺布。

**3. 其他分类**  按透光性分为透光袋与遮光袋。按纸袋上是否有蜡层分涂蜡袋和非涂蜡袋。

套袋用纸不宜用报纸，因为报纸有油墨及铅的污染，果实外观易受影响，所以套袋要采用专用纸袋。近几年，我国各地相继推出了不同类型的果实袋，各地可以先试验，待成功后选择效果较好的袋型。

## （三）果实袋的选择

果实袋的选择应根据品种特性和立地条件灵活选用。一般早熟品种、易于着色的品种或设施栽培的品种使用白色或黄色袋，晚熟品种用橙色或褐色袋。极晚熟品种使用深色双层袋（外袋外灰内黑，内袋为黑色）。经常遇雨的地区宜选用浅色袋。难以着色的品种要选用外白内黑的复合单层袋或外层为外白内黑的复合单层纸、内层为白色半透明的双层袋。晚熟桃如中华寿桃用双层深色袋最好。

## （四）适宜套袋的品种

**1. 自然情况下着色不鲜艳的晚熟品种** 有些品种在自然条件下，可以着色，但是不鲜艳，表现为暗红或深红色，如燕红等。

**2. 自然情况下不易着色的品种** 有些品种在自然条件下，基本不着色，或仅有一点红晕，如深州蜜桃、肥城桃等。

**3. 易裂果的品种** 自然条件下或遇雨条件下易发生裂果，如中华寿桃、燕红、21世纪、华光及瑞光3号等。

**4. 加工制罐品种** 自然条件下，由于太阳光照射，果肉内部易有红色素，影响加工性能。常见的有金童系列品种。

**5. 其他品种** 由于套袋果实价格高，果农在一些早熟或中熟品种上也进行套袋，如早露蟠桃和大久保等。

## （五）套袋的方法

**1. 套袋时间** 套袋在定果后进行，时间应掌握在主要蛀果害虫入果之前，石家庄地区大约在5月下旬开始。套袋前喷1次杀虫杀菌剂。不易落果的品种、早熟品种及盛果期树先套，易发生落果的品种及幼树后套。套袋应选择晴天，应避开高温、雾天，更不能在幼果表面有露水时套袋，适宜时间为上午9～11时和下午3～6时。试验证明，南方湖景蜜露桃应适当推迟套袋，宜在果实迅速膨大之前（约6月10日前）进行，在"入梅"前结束。深州市果农对深州蜜桃进行套袋的时间也推迟到了6月，过早套袋容易出现落果现象。

**2. 套袋方法** 套袋前，将整捆果袋放于潮湿处，使之返潮、柔韧。选定幼果后，小心地除去附着在果实上的花瓣及其他杂物，左手托住纸袋，右手撑开袋口，或用嘴吹开袋口，使袋体膨起，袋底两角的通气放水孔张开，手执袋口下2～3厘米处，袋口向上或向下，套入果实，并使果柄置于袋的开口基部（不要将叶片和枝条装入果袋内），然后从袋口两侧依次按折扇方式折叠袋口于切口处，将捆扎丝扎紧袋口于折叠处，于线口上方从连接点处撕开将捆扎丝返转 90°，沿袋口旋转 1 周扎紧袋口，防止纸袋被风吹落。注意一定要使幼果位于袋体中央，不要使幼果贴住纸袋，以免灼伤。另外，树冠上部及骨干枝背上裸露果实应少套，以避免日烧。套袋顺序是先上后下，从内到外，防止遗漏。无论绳扎或铁丝扎袋口均需扎在结果枝上，扎在果柄处易造成压伤或落果。

**3. 解袋时间**　因品种和地区不同而异。鲜食品种采收前摘袋，有利于着色。硬肉桃品种于采前 3～5 天摘袋，软肉桃于采前 2～3 天摘袋。不易着色的品种，如中华寿桃摘袋时间应在采前 10 天摘袋效果最好。摘袋宜在阴天或傍晚时进行，使桃果免受阳光突然照射而发生日烧，也可在摘袋前数日先把纸袋底部撕开，使果实先受散射光，逐渐将袋体摘掉。用于罐藏加工的桃果，为减少果肉内色素的产生，可以带袋采收，采前不必摘袋。果实成熟期间雨水集中地区，裂果严重的品种也可不解袋。梨小食心虫发生较重的地区，果实解袋后，要尽早采收，否则如正遇上梨小食心虫产卵高峰期，还会受虫害。

## （六）套袋后及解袋后管理

一般套袋果的可溶性固形物含量比不套袋果有所降低，在栽培管理上应采取相应措施，提高果实可溶性固形物含量。主要的措施有以下几种。

**1. 增施有机肥和磷钾肥等**　尽量少施或不施氮肥，增加有机肥和磷、钾肥的施用量，可以提高果实品质，尤其是可溶性固形物含量。

**2. 适度修剪**　为使果实着色好，摘袋前后，疏除背上枝、内膛徒长枝，以增加光照强度。

**3. 适度摘叶**　摘袋后，要及时进行摘叶，摘除影响果实着色的叶片。

# 五、铺反光膜和摘叶

桃园铺设反光膜既可促进果实着色，提高果实品质，又可调节果园小气候，已开始在生产中应用。

## （一）反光膜的选择

反光膜宜选用反光性能好、防潮、防氧化、抗拉力强的复合性塑料镀铝薄膜，一般可选用聚丙烯、聚酯铝箔、聚乙烯等材料制成的薄膜。这类薄膜反光率一般可达 60%～70%，使用效果比较好，可连续使用 3～5 年。

## （二）铺设方法

**1. 时间** 套袋园一般在去袋后马上铺膜，没有套袋的果园宜在果实着色前进行。

**2. 准备工作** 清除地面上的杂草、石块、木棍等。用铁耙把树盘整平，略带坡降，以防积水。套袋果园要先去袋后铺膜，并进行适当的摘叶。去袋后至铺膜前要全园喷洒 1 遍杀菌剂，以水制剂杀菌药为主。对树冠内膛郁闭枝、拖地的下垂枝及遮光严重的长枝可适当进行回缩和疏除修剪，以打开光路，使更多的光能够反射到果实上，提高反光膜的反射效率。

**3. 具体方法** 顺着树行铺，铺在树冠两侧，反光膜的外缘与树冠的外缘对齐。铺设时，将整卷的反光膜放于果园的一端，然后倒退着将膜慢慢地滚动展开，并随时用砖块或其他物体压膜，并防止风吹膜动。用泥土压膜时，可将土壤事先装进塑料袋中，可使保持干净，提高效果。铺膜时要小心，不要把膜刺破。一般铺膜面积为 300～400 米$^2$/亩。

**4. 铺后管理** 反光膜铺上以后，要注意经常检查，遇到大风或下雨天气，应及时采取措施，把刮起的反光膜铺平，将

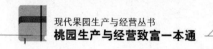

膜上的泥土、落叶和积水清理干净，以免影响效果。采收前将膜收拾干净后妥善保存，以备翌年使用。

### （三）地面覆膜

在我国南方地区采用地面覆膜可以减少果实裂果，提高果实品质。主要方法：在花期顺行铺设 0.018 毫米厚的无色透明地膜，四周及接缝处用土压紧密闭，此法可以有效地提高地温，改善树冠下部光照条件。由于覆膜可直接阻止雨水大量渗入土壤中，天气晴时又可以减少土壤水分大量蒸发，使土壤中的水分保持相对稳定，从而显著降低裂果率。

### （四）摘叶

摘叶就是摘除遮挡果面着色的叶片，是促进果实着色的技术措施。摘叶的方法：左手扶住果枝，用右手大拇指和食指的指甲将叶柄从中部掐断，或用剪刀剪断，而不是将叶柄从芽体上撕下，以免损伤母枝的芽体。在叶片密度较小的树冠区域，也可直接将遮挡果面的叶片扭转到果实侧面或背面，使其不再遮挡果实，达到果面均匀着色的目的。

# 六、减轻裂果和裂核的措施

## （一）减轻桃果实裂果的措施

**1. 水分管理**　油桃对水分较敏感，在水分均衡的情况下裂果轻，所以一定要重视排灌设施，旱时适时灌水，涝时及时排水。要保持水分的相对稳定，切忌在干旱时浇大水。

**2. 果实套袋**　实行套袋栽培是防止裂果最有效技术措施。

**3. 增施有机肥**　增施有机肥可以改善土壤物理性能，增强土壤的透水性和保水力，使土壤供水均匀，减轻裂果。

**4. 加强病虫害防治** 果实受病虫害危害（尤其是蚜虫）后，会引起裂果，要加强病虫害防治。

**5. 合理负载** 严格进行疏花疏果，提高叶果比，促进光合作用，改善营养状况，减少裂果发生。

**6. 合理修剪** 幼树修剪以轻为主，重视夏剪，使其通风透光，促进花芽形成。冬剪以轻剪为主，采用长枝修剪。重剪会引起营养失调，加重裂果。

**7. 适时采收** 有些品种，尤其是油桃品种，成熟度较大时，易发生裂果。枝头附近的果实较大，更易于裂果，要及时采收。

## （二）减轻桃果实裂核的措施

**1. 适时疏花疏果，合理负载** 对于坐果率较低的品种，最好不疏花，只疏果，推迟定果时间。对坐果较高的品种，花期先疏掉1/3的花，硬核期前分两次疏果。过早疏花疏果，会使营养过剩，造成果实快速增长而裂核，因此，应适时疏花疏果，合理负载，以减少大果和特大果裂核的发生。

**2. 避免依靠大肥大水生产大型果和特大型果** 依据品种特点，生产相应大小的果实。有的果农既追求高产，又追求大果，所以在果实生长后期，就采用大肥（化肥，尤其是氮肥）大水的方法，多次进行灌水，增加裂核率。

科学施肥。多施有机肥，尽可能提高土壤有机质含量，改善土壤通透性。增加磷、钾肥，控制氮肥施量。大量元素肥料（氮、磷、钾）和微量元素（铁、锌、锰、钙等）等合理搭配，尤其是增施钙素肥料。

合理灌水，及时排水。桃硬核期，20厘米处土壤手握可成团、松手不散开为水分适宜，这时应该进行控水。遇连阴雨天气，应加强桃园排水。推广滴灌、喷灌和渗灌技术，避免大水漫灌。

**3. 加强夏季修剪，调节枝叶生长和叶果比** 树体结构良好，枝组强壮，配备合理，树冠通风透光。夏剪最好每月进行1次。

# 七、果实采收和包装

## （一）果实采收

**1. 采收期** 桃果实的大小、品质、风味和色泽，是在树上发育形成的，采收后基本上不会再有提高。采收过早，则果实没有达到应有的大小，产量低，果实着色和风味较差；采收过晚，则果实过于柔软，易受机械伤害和腐烂，不耐贮运，且风味品质变差，采前落果也增加。

（1）确定成熟的依据。

①果实发育期及历年采收期。每个品种的果实发育期是相对稳定的，果实成熟期在不同的年份也有变化，这与开花期早晚、果实发育期间温度等有关。

②果皮颜色。以果皮底色的变化为主，辅以果实彩色。底色由绿色到黄绿色或乳白色或橙黄色。

③果肉颜色。黄肉桃由青转黄，白肉桃由青色转乳白色或白色。

④果实风味。果实内淀粉转化为糖，含酸量下降，单宁减少，果汁增多，果实有香味，表现出品种固有的风味特性。

⑤果实硬度。果实成熟时，细胞壁的原果胶逐渐水解，细胞壁变薄，不溶质桃果肉开始有弹性，可通过测量硬度判断果实成熟度。

（2）桃果实成熟度划分等级及适宜采收期确定依据。

①桃果实成熟度划分等级。

A. 七成熟。果实充分发育，果面基本平整，果皮底色开始由绿色转黄绿或白色，茸毛较厚，果实硬度大。

B. 八成熟。果皮绿色大部退去，茸毛减少，白肉品种呈绿白色，黄肉品种呈黄绿色，彩色品种开始着色，果实仍硬。

C. 九成熟。绿色全部退去，白肉品种底色呈乳白色，黄肉品种呈浅黄色，果面光洁，丰满，果肉弹性大，有芳香味，果面充分着色。

D. 十成熟。果实变软，溶质桃柔软多汁，硬溶质桃开始发软，不溶质桃弹性减小。这时溶质桃硬度已很小，易于受挤压。

②适宜采收期确定依据。桃果实适宜采收期要根据品种特性、用途、市场远近和贮藏条件等因素来确定。

A. 品种特性。有的品种可以在树上充分成熟后再采收，不用提前采收，如有明、早熟有明、美锦等。有的品种如在树上充分成熟后果实硬度下降，果实变软，需要提前采收，如大久保、雪雨露等。溶质桃宜适当早采收，尤其是软溶的品种。

B. 用途。加工用的桃，应在八成熟时采收。

C. 市场远近。一般距市场较近的，宜在八九成熟时采收。距市场远，需长途运输，可在七八成熟时采收。

D. 贮藏。供贮藏用的桃，应采收早一些，一般在七八成熟时采收。

**2. 采收方法**　首先要根据估计产量，安排、准备好采收所需各种人力、设施、工具及场地等。

桃果实硬度低，采收时，易划伤果皮。因此，工作人员应戴好手套或剪短指甲，采收时要轻采轻放，不能用手指用力捏果实，而应用手托住果实微微扭转，顺果枝侧上方摘下，以免碰伤。对果柄短、梗洼深、果肩高的品种，摘时不能扭转，而是全手掌轻握果实，顺枝向下摘取。蟠桃底部果柄处易撕裂，采时尤其要注意。另外，最好带果柄采收。若果实在树上成熟不一致时，要分批采收。树上采收的顺序是由外向里，由上往下逐枝采收。采果的篮子不易过大，以 2.5～4.0 千克为宜，篮子内垫以海绵或麻袋片为宜。

## （二）果品包装

为了防止运输、贮藏和销售过程中果实的互相摩擦、挤压、碰撞而造成的损伤和腐烂，减少水分蒸发和病害蔓延，使果实保持新鲜，采收、分级后，必须妥善包装。包装容器必须坚固耐用，清洁卫生，干燥无异味，内外均无刺伤果实的尖突物，对产品具有良好的保护作用。包装内不得混有杂物，影响果实外观和品质。包装材料及制备标记应无毒性。

**1. 内包装**　桃内包装通常为衬垫、铺垫、浅盘、各种塑料包装膜、包装纸及塑料盒等。其中，最适宜的内包装是聚乙烯等塑料薄膜，它可以保持湿度，防止水分损失，而且由于果品本身的呼吸作用能够在包装内形成高 $CO_2$、低 $O_2$ 的自发气调环境。

**2. 外包装**　桃外包装以纸箱较合适，箱子要低，一般每箱装 2～3 层，包装容器的规格为 2.5～10 千克，隔板定位，以免相互摩擦挤压，箱边应有通气孔，确保通风透气，装箱后用胶带封好。

对于要求特别高的果实，可用扁纸盒包装，每盒仅装一层果，盒底上用聚氯乙烯或泡沫塑料压制成的凹窝衬垫，每个窝内放一个果，每个果实套上塑料网套，以防挤压，每盒装 8～12 个。

# 第七章
# 病虫害防控技术

## 一、病虫害预测预报

预测预报是科学制订桃树病虫害防治措施的前提。准确、及时的预测预报，可以减少用药次数，提高防治效果，并可以在一定程度上保护天敌。

### （一）虫害预测预报

**1. 物候法**　有些桃树虫害的发生与物候期有着密切的关系，可以依据桃树的物候期发生的早晚来预测害虫发生的时期。如桃树蚜虫与桃树萌芽期有密切的关系，桃树蚜虫在桃树萌芽前后开始发生，之后迅速繁殖。

物候预测预报具有简单、易行的特点，但是害虫实际的发生情况还受气候条件和天敌等因素的影响，因此在实际应用中，还应考虑到这些因素。

**2. 田间观察法**　在对某一害虫的虫态、虫口基数等进行田间调查的基础上，根据此害虫的发生规律，结合天气信息，对其发生时间和数量进行预测预报。

田间观察常采用五点式取样法进行调查，即按对角线，取5株树作为取样点，每天对这5个取样点进行害虫发生情况调查。桃园的面积越大，取样点越多，代表性更强。

桃树果实受到害虫危害，就失去经济价值，因此田间观察法仅适用不直接危害桃果的害虫，如桃树蚜虫和叶螨等。

**3. 黑光灯法**　黑光灯法是根据害虫的趋光性进行预测预报。通过在田间设置黑光灯诱捕成虫，根据不同时期诱捕的成虫数量与雌雄性比等参数，结合成虫的产卵及卵孵化所需时间，预测幼虫孵化高峰日期。此方法适用害虫有：桃蛀螟和卷叶蛾等趋光性较强的害虫。

（1）黑光灯的设置。常用 20 瓦或 40 瓦的黑光灯管作为光源，在灯管下接一个水盆或大广口瓶，瓶中放水，并加入适量农药，以杀死掉进的害虫。

（2）黑光灯悬挂时注意事项。黑光灯悬挂时间宜早，在害虫出蛰后开始活动前悬挂，河北石家庄的悬挂时间为 3 月中下旬，悬挂高度应略高于桃树树冠，不能过高，以免招来桃园以外的其他害虫危害桃树。

**4. 信息素法**　多种害虫性成熟后，雌成虫通过释放性信息素传递信息，吸引雄虫进行交配。信息素法就是利用人工合成的害虫性信息素来诱捕害虫雄虫，记录每天诱捕的虫数，观察发生高峰期，结合天气信息，预测幼虫产卵和孵化时间，指导害虫防治。此法适用的桃树害虫有：梨小食心虫、桃小食心虫和桃潜叶蛾等。

（1）诱捕器种类。诱捕器的种类很多，目前，使用的诱捕器主要通过两种方式将诱集到的成虫杀死，一种是在诱捕器上涂黏胶诱杀，将黏性好、不易干的黏胶涂在硬纸板或塑料板上，制成诱捕器，如船形、三角形等诱捕器，其使用方便，但费用较高；另一种诱捕器可以使用水盆、瓷碗和桶等，其中加入足量水，将虫子引诱到水中将其杀死，此类型材料易得、费用少、效果好，但是不如黏胶诱捕器方便，且需要经常补充蒸发的水。

（2）诱捕器制作方法。

①三角形诱捕器。可用厚 0.1 厘米的纸板，制成长 50 厘米、宽 28 厘米长方形的纸板，再把长边两边折起 15 厘米，底宽 20 厘米，并在顶部两侧打两个对应小眼，合起两侧，用细铁丝（直径 1 毫米）穿入两侧的小眼，固定好顶部，做成等腰三角形，三角形内部底面涂胶，或放入涂好胶的胶板。诱芯从中缝挂入，底缘离胶面 1～2 厘米。诱捕器悬挂高度为 1.3～1.5 米即可。

②水盆诱捕器。选择直径 20 厘米的水盆，用一细铁丝穿一个诱芯，悬置于水盆中央，并固定好，水盆内加入水，使水面距诱芯底缘 1～1.5 厘米，并加入 1% 洗衣粉。诱捕器悬挂高度为 1.5 米。为防止水盆摇晃，可以制作一个 1.5 米高的支架，并将水盆固定在支架上。

（3）诱捕器放置时间、数量及高度。应在成虫的越冬代成虫羽化开始前放置，如梨小食心虫，河北石家庄在 3 月中下旬开始放置，诱捕器数量根据桃园面积而定，面积越大，放置数量越多。一般在园内均匀放置，诱捕器间距 50 米（诱芯的有效范围）。悬挂高度为 1.5 米左右。

**5. 糖醋液法**　糖醋液法是根据害虫的趋化性进行预测预报。糖醋液一般由绵白糖、乙酸（醋）、无水乙醇（酒）和水配制而成，又称为糖醋酒液。在桃园中，对糖醋液有强烈趋性的害虫如梨小食心虫、桃蛀螟、卷叶蛾、白星花金龟和桃红颈天牛等，可以应用糖醋液法进行预测预报。糖醋液配制比例因诱捕害虫种类而异。目前，对梨小食心虫较好的配方是：绵白糖、乙酸（分析纯）、无水乙醇（分析纯）及自来水，其比例为 3∶1∶3∶80。

诱捕器可以选用水盆等容器，将配制好的糖醋液倒入诱捕器中即可。诱捕器悬挂高度为 1.5 米，诱捕器数量因桃园面积而定，一般诱捕器之间的距离为 10 米为宜。每天定时观察诱捕器内诱捕到的害虫数量，并进行记录，当诱捕到的某一害虫数突然增多，并持续 2～3 天以上，即为此害虫的成虫发生高峰期，以此作为确定化学防治时间的依据。

## （二）病害预测预报

桃树病害发生初期，分生孢子虽已侵染发病部位，但没有明显症状，一旦表现出可以观察到的症状时，已经造成了不可逆转的损失。所以病害应以防为主，预测预报也就显得更加重要。常见的预测预报有经验法、田间调查法和孢子捕捉法。

**1. 经验法** 经验法是指在对某种病害发生规律进行长期观察并非常了解的基础上，依据多年的经验，对某一病害的发生趋势作出预测。一般经验丰富的果农、"老把式"和老技术员多用此方法，但此法仅适用于环境条件比较稳定的地区，因为病害的发生也与环境条件有密切的关系。

**2. 田间调查法** 桃园病害的发生受到多种因素影响，如桃园内温度、湿度、风、雨、桃树栽培管理措施及昆虫活动等。通过对病害发生情况和田间温、湿度情况的定期、定点调查，结合往年病害发生情况，预测病害发生趋势。田间调查的内容主要包括两个方面，一是调查桃园内环境因子，如温、湿度等；二是调查病害的发生情况。调查点一般采用对角线五点取样法。

**3. 孢子捕捉法** 此方法需使用孢子捕捉仪进行孢子捕捉。从桃树开花前开始，将孢子捕捉仪放置在桃园内通风处。捕捉仪上放置涂有凡士林的玻片，在显微镜下观察玻片上捕捉到的预测对象的孢子数，一般观察 3～5 个视野即可，计算每个视野内的平均孢子数，并记录天气情况。要注意及时更换涂有凡士林的玻片。

一般年份，当某一病害的分生孢子捕捉量突然增多或居高不下时，即为孢子散发始盛期，如果此时伴有降雨，即意味着侵染盛期来临，应及时预报。为使病害发生期的预测预报更加科学和准确，需要将孢子捕捉量与天气预报及病害发生的历史资料等结合起来。

## （三）病虫害预测预报注意事项

病虫害的发生除了受到自身遗传特性的影响，还受到各种外界环境条件和品种抗性等因素的影响，在病虫害预测预报过程中，需综合考虑各种因素的实际情况，以做出正确的预测预报。在病虫害预测预报中应注意以下几点。

（1）根据测报对象，选择适宜的测报方法。采用何种预测预报方法要因病虫害种类而异。对于趋光性强的可以用黑光灯进行预报，对于具有释放性信息素来传递信息特性的用性信息素法。

（2）多种预测预报方法相结合，提高预报的准确率。有时单一应用一种预测预报方法准确率低，应与其他的预测预报方法结合使用。如预报蚜虫的发生，可以将物候法与田间观察法结合使用。

（3）全面掌握各种相关资料，综合考虑各种相关因素。尽量全面掌握当地各种气象资料（尤其是温、湿度和降雨等）、病虫害发生规律及防治技术措施等相关材料，这些信息在预报时要作为重要因素加以考虑。

（4）认真分析预报与实际结果差异，及时总结经验教训。准确及时的预报是我们追求的目标。因为影响准确预报的因素极为复杂，不可能全部预报准确，但要在病虫害发生盛期，了解发生的实际情况，找出预报成功的经验或失误的原因，为以后开展预报积累经验。

# 二、病虫害综合防治

## （一）农业防治

农业防治是综合防治的基础。可以通过一系列的栽培管理技术或是改变有利于病虫害发生的环境条件，或是直接消灭病虫害，对控制病虫害有着重要的作用，能取得化学农药所不及的效果，同时这也是生产安全果品的简单有效办法。

**1. 刨树盘**　该措施既可起到疏松土壤、促进桃树根系生长的作用，也可将地表的枯枝落叶翻于地下，把土中越冬的害虫翻于地表。

**2. 加强地下管理，合理负载，保持健壮的树势，提高树体抗病能力**　改大水漫灌为畦灌，注意雨季排水，防止因漫灌传播病害。有条件的地区，可以采用滴灌和喷灌。适时适度修剪，调节光照，防止树冠郁闭，使之不利于病菌的侵染。多施有机肥，壮根壮树，改良土壤结构，增加贮藏营养水平。少造成伤口，同时注意伤口保护。南方避免偏施氮肥，低洼地带深挖排水沟，特别是雨后注意清沟排水。

**3. 清扫枯枝落叶**　通常在桃树落叶后进行，可消灭在叶片越冬的病虫，如桃潜叶蛾等。结合冬季修剪，消灭在枝干上越冬的病虫，如桑白蚧、桃疮痂病、桃炭疽病和细菌性穿孔病。不用带病菌的支棍，注意剪除干桩干橛。

**4. 刮除树皮**　随着桃树树龄的增加，桃树的主干和主枝的树皮部会形成一些裂缝，进而成为翘皮。裂缝和翘皮是许多病虫的越冬场所。因此，刮除老皮，集中烧毁，可以消灭病虫。

（1）树体选择。刮皮主要是针对六年生以上的有粗老翘皮的树。

（2）刮皮时期。过去刮皮一般在冬季，只考虑除虫，却忽视了保护害虫的天敌。据观察，果树害虫的天敌有很多也是在树干翘皮内越冬的。天敌越冬后开始活动的时间要早于害虫。因此，为了既消灭害虫，又保护天敌，刮皮的最佳时期应掌握在早春天敌已能爬动转移而害虫尚未出蛰时进行，一般应在3月上旬左右较为适宜。

（3）刮皮部位。主要是主干及主枝中部以下部位的粗、翘树皮。

（4）刮皮深浅程度。刮皮深浅程度要根据皮层厚薄和树龄来决定，一般要掌握"小树弱树宜轻，大树壮树宜重，露红不露白"的原则。总之，要提高刮皮质量，把粗老翘皮刮去，刮得表面光滑无缝，不留毛茬，以达到铲除害虫和病斑的效果。切忌刮得过深伤及嫩皮和木质部。可用撬皮或擦刷树皮的方法进行。

（5）保护天敌安全越冬。为充分发挥自然天敌对害虫的控制作用，要注意保护好螳螂、大蜘蛛等益虫的卵块，例如，螳螂的卵块粗糙坚硬，牢固黏附在树杈拐弯处，刮皮时不要损伤它们。对其他天敌也要加以保护，改变过去把刮下来有天敌和害虫的粗翘皮一起烧毁的做法。刮皮时要先在树干周围地下铺塑料布等物，把刮下来的粗老翘皮和虫卵、幼虫、蛹等集中起来带回室内，把天敌（如小花蝽、扑食螨、六星蓟马、小黑瓢虫和多种寄生蜂等）及害虫分别清理，集中装在养虫笼或其他容器内，待春季幼虫出蛰时再将所收集的天敌放回果园，而让害虫自然死去，然后把剩下的树皮烧掉。

（6）刮皮的具体方法。用2米宽幅的布（塑料布也可），截成2米长（如是1米宽幅的，就用两块缝合一起），即4米$^2$面积的铺布。从其中一面中间用剪子直剪到中心处，并在此处剪一圆形孔洞。如是布类应锁边耐用。进行刮治时，将事先准备好的铺布把树干边际围起来，刮毕，提起铺布将皮与腐朽物收集在水桶等容器里。此法比刮在地上再扫起来省工省事，而且虫、卵、病菌也不会漏掉。

**5. 及时剪除危害部位**　第一、二代梨小食心虫发生期，正是新梢生长期，及时剪除刚刚萎蔫的桃梢。对局部发生的桃瘤蚜危害梢及黑蝉产卵枯死梢也应及时剪除并烧掉。及时剪除苹小卷叶蛾危害的虫梢。

**6. 增加果园植被，改善果园生态环境**

（1）果园生草。这是一种先进的果树管理方式。果园种植白三叶草和紫花苜蓿的桃园，天敌出现高峰期明显提前，而且数量增多。

（2）种植驱虫作物。在桃树行间栽种大葱等，利用其特殊气味驱除叶螨。大蒜驱除蚜虫，蓖麻可使金龟子逃之夭夭。

（3）种植诱杀害虫作物。如向日葵，选择矮秆、开花早的向日葵品种。

**7. 树干绑缚草绳，诱杀多种害虫**　有些害虫喜在主干翘皮中越冬，利用这一习性，8月下旬至9月中旬，在主干分枝以下绑缚诱虫带或3～5圈松散的草绳，可诱集到大量害虫如梨小食心虫、山楂叶螨雌成虫等。

**8. 人工捕虫与钩杀**　许多害虫有群集和假死的习性。如多种金龟子有假死性和群集危害特点，茶翅蝽有群集越冬的习性，桃红颈天牛成虫有在枝干静息的习性，可以利用害虫的这些习性进行人工捕捉。对于危害树干的红颈天牛和绿吉丁虫幼虫，可以及时钩杀。

**9. 选择无病虫苗木**　去除有病虫的苗木并烧毁，尤其是有根瘤病的苗木。

**10. 果实套袋**　果实套袋后，可以阻止害虫在果实上产卵和在果实上危害。防治的主要虫害是食心虫类，如梨小食心虫等，主要病害是桃疮痂病等。套袋主要针对中、晚熟品种。

## （二）物理防治

物理防治是根据害虫的习性所采取的防治害虫的机械方法。

**1. 振频式杀虫灯诱杀**　用杀虫灯作光源，在灯管下接一个水盆或一个大广口瓶，瓶中放些毒药，以杀死掉进的害虫。此法可诱杀许多趋光性强的害虫，如桃蛀螟和卷叶蛾等。

**2. 糖醋液诱杀**　许多成虫对糖醋液有趋性，因此可利用该习性进行诱杀，如梨小食心虫、卷叶蛾、桃蛀螟、红颈天牛和金龟子等。

（1）糖醋液配制。配方一：红糖、醋及水的比例为1：4：16；配方二：红糖、醋、酒及水的比例为1：4：1：162。配方三：绵白糖、乙酸（分析纯）、无水乙醇（分析纯）及自来水的比例为3：1：3：80。将配好的糖醋液放置容器内（瓶和盆），以占容器体积1/2为宜。

（2）糖醋液使用。将配制好的糖醋液盛在水碗或水罐内即制成诱捕器，将其挂在树上，一株树挂1～2个即可。每天或隔天清除死虫，并补足糖醋液，如果需要，每次记录诱杀的数量。害虫多时，3天即可填满诱捕器，记录并清除害虫，更换新的糖醋液。每次要将废弃的糖醋液埋入土中，不能直接倒入土壤中。

**3. 性外激素诱杀**　人工合成的招引雄成虫来交配的一类化学物质称为性外激素。在自然界中，雌性昆虫可以分泌出一种化学物质（雌性激素）用来引诱雄性成虫来交配。在人工条件下，合成类似雌性激素的化学物质，用以引诱雄性成虫。此法诱杀的害虫有梨小食心虫、桃潜叶蛾和桃蛀螟等。

## （三）生物防治

果园中害虫天敌主要是捕食性瓢虫、草蛉、蓟马、食蚜蝇、捕食螨、小花蝽、蜘蛛类、鸟类等。保护天敌可恢复果园中的生态平衡，达到持续控制害虫的目的。在喷药较少的桃园中，这些天敌控制害虫的效果非常显著。保护天敌最有效的措施是减少喷施农药，尤其是剧毒农药。

**1. 保护果园内的植物多样性，提倡实行自然生草管理的栽培措施**　这样不但增加了天敌的栖息环境，更由于园内昆虫多样性的增加，保证了天敌在果园内生活繁衍的生态环境，增加了天敌在园内的生活时间和种群数量。

**2. 果园种草**　在果树行间种植有益草种，草上的害虫也为天敌的生存提供了良好的食物来源。

**3. 保护天敌**　在秋冬季节结合清洁桃园，可将有害虫的残枝落叶置于网袋内保护寄生蜂。另外在某些情况下，可将刮树皮时间推至早春桃树萌芽前进行，以便利用有些天敌先于害虫活动的特点，保护天敌，消灭害虫。

**4. 天敌灭虫**　在桃树生长前期（6月以前）以小花蝽、草蛉、瓢虫、蓟马和蜘蛛等捕食性天敌为多，尽量少喷或不喷施广谱性杀虫剂。7月以后，捕食螨即成为果园的主要天敌类群。

**5. 科学合理用药**　尽量用选择性或低毒的农药品种，在施用时注意采用对天敌和环境影响较小的方法，如对靶喷药和点片用药等。

## （四）化学防治

**1. 交替用药**　防治病虫害不要长期单一使用同一种农药，应尽量选用作用机理不同的几个农药品种，如杀虫剂中的拟除虫菊酯、氨基甲酸酯、昆虫生长调节剂及生物农药等几大类农药，交替使用，也可在同一类农药中不同品种间交替使用。杀菌剂中内吸性、非内吸性和农用抗生素交替使用，也可明显延缓病害抗药性的产生。

**2. 混用农药** 将 2～3 种不同作用方式和机理的农药混用，可延缓病虫抗药性的产生和发展速度。农药能否混用，必须符合下列原则：①要有明显的增效作用；②对植物不能发生药害，对人、畜的毒性不能超过单剂；③能扩大防治对象；④降低成本。混配农药也不能长期使用，否则同样会产生抗药性。

**3. 重视桃树发芽期的化学防治** 桃树萌芽期，在桃树上越冬的大部分害虫已经出蛰，开始在芽体上危害。此时喷药有以下优点：①大部分害虫暴露在外面，又无叶片遮挡，容易接触药剂；②经过冬眠的害虫，体内的大部分营养已被消耗，虫体对药剂的抵抗力明显降低，触药后易中毒死亡；③天敌数量较少，喷药不影响其种群繁殖；④省药、省功。

**4. 桃树生长前期不用或少用化学农药** 桃树生长前期（6 月以前）是害虫发生初期，也是天敌数量增殖期。在这个时期喷施广谱性杀虫剂，既消灭了害虫，也消灭了天敌，而且消灭害虫的比率远远小于天敌，从此导致天敌一蹶不振，其种群在桃树生长期难以恢复。

**5. 推广使用生物杀虫剂和特异性杀虫剂** 目前，我国在果树害虫防治上用得较多的生物杀虫剂主要有阿维菌素、华光霉素、浏阳霉素、苏云金杆菌（Bt）和白僵菌等。

**6. 选择使用适宜的低毒化学农药，并严格使用次数** 生产无公害果品和 A 级绿色食品，允许使用低毒化学农药，但对施药方法和次数严格按照规定执行。

**7. 改变使用方法** 化学农药的主要使用方法是喷雾，但是，如果根据害虫的生物学习性，采用其他施药方法如地面施药、树干涂药等，就会减少对目标害虫的影响。地面施药法已成为防治桃小食心虫的主要措施。树干涂药法是防治刺吸式口器害虫的有效方法。

### （五）植物检疫

植物检疫是贯彻"预防为主、综合防治"的重要措施之一，即凡是从外地引进或调出的苗木、种子、接穗等都应进行严格检疫，防止危险性病虫害的扩散。

# 三、病虫害分类

按照危害虫态、危害部位、越冬场所和越冬虫态等进行分类，有助于了解病虫的生物学特性，从而制定相应的防治措施。

## （一）按危害部位分类

**1. 仅危害一个部位**

①仅危害叶部。主要有叶螨、卷叶蛾、潜叶蛾和桃一点叶蝉等。危害叶片的害虫一般比较容易防治。

②仅危害果实。主要有桃蛀螟、茶翅蝽和白星花金龟子等。

③仅危害花器官。主要有苹毛金龟子等。

④仅危害茎部（主干、主枝和枝条）。主要有红颈天牛、黑蝉、溃疡病、桑白蚧、球坚蚧和桃小蠹等。

⑤仅危害根部。主要病害有根瘤病和根腐病等。危害根部的病害一般不易于防治。

**2. 危害两个或两个以上部位**

①危害果实和叶片。主要有绿盲蝽。

②危害新梢与果实（以果实为主）。主要有梨小食心虫。

③危害叶片、花、果实（以叶片和花为主）。主要有蚜虫。

④危害果实、叶片和新梢（以果实为主）。主要有桃炭疽病、疮痂病和白粉病等。

⑤危害大枝、新梢、果实（以大枝为主）。主要有流胶病。

⑥危害果实、叶片、大枝。主要有蜗牛。

⑦危害地上和地下部位。主要指生理性病害。黄化病主要表现在叶片、枝条、新梢和花等，同时根系生长也受到影响。

## （二）按危害的虫态分类

**1. 以成虫危害**  主要有蚜虫、山楂叶螨、二斑叶螨、茶翅蝽、苹毛金龟子、大青叶蝉、黑绒金龟子、黑蝉和白星花金龟子等。

**2. 以幼虫危害**  主要有梨小食心虫、红颈天牛、潜叶蛾、桃蛀螟、桃绿吉丁虫和桃小蠹等。

**3. 以若虫和成虫危害**  主要有桑白蚧和绿盲蝽等。

## （三）按越冬场所分类

**1. 树皮裂缝**  主要有山楂叶螨、二斑叶螨、梨小食心虫、大青叶蝉和苹小卷叶蛾等。

**2. 枝条芽腋间和裂缝处**  主要有蚜虫等。

**3. 树干蛀道内**  主要有红颈天牛、桃绿吉丁虫和桃小蠹等。

**4. 枝干外表**  主要有桑白蚧和球坚介壳虫等。

**5. 土壤中**  主要有白星花金龟子、苹毛金龟子、桃小食心虫、黑蝉、黑绒金龟子和叶螨（近树干基部的土块缝）等。梨小食心虫也有少量在土壤中越冬。

**6. 村舍檐下、墙壁缝隙**  主要有茶翅蝽。

**7. 松柏树及杂草丛中**  主要有桃一点叶蝉。

**8. 向日葵花盘、茎秆及玉米、树粗皮裂缝树洞**  主要有桃蛀螟。

**9. 作物秸秆堆下面**  主要有蜗牛。

### （四）按越冬虫态分类

**1. 以幼虫越冬**　主要有桃红颈天牛、绿吉丁虫和白星花金龟子等。

**2. 以成虫越冬**　主要有桑白蚧、茶翅蝽、叶螨、蜗牛、桃一点叶蝉、黑绒金龟、苹毛金龟子和蜗牛等。

**3. 以卵越冬**　主要有蚜虫和大青叶蝉等。

**4. 以蛹越冬**　主要有潜叶蛾（蛹在茧内越冬）和苹小卷叶蛾等。

**5. 以幼虫结茧越冬**　主要有梨小食心虫和桃蛀螟等。

**6. 以卵、若虫越冬**　主要有黑蝉。

**7. 以若虫越冬**　主要有球坚蚧。

### （五）其他分类

**1. 按趋光趋化性分类**

①趋光性强。主要有蚜虫（白光和黄光）、大青叶蝉和黑蝉等。

②趋化性强。主要有苹果小卷叶蛾、红颈天牛和茶翅蝽（特殊香味）等。

③趋光又趋化。主要有梨小食心虫和桃蛀螟等。

**2. 按假死性分类**

①有假死性。有苹毛金龟子和白星花金龟子等。

②无假死性。大部分属于无假死性。

**3. 按虫口密度分类**

①虫口密度大。主要有蚜虫、叶螨和桑白蚧等。

②虫口密度小。主要有红颈天牛。

**4. 按对树体的毁灭性分类**

①毁灭性大，可导致整株死亡。如红颈天牛和桃绿吉丁虫等枝干害虫。

②毁灭性中等。某些根系病害。

③无毁灭性。叶和果实病虫害，只是对产量和品质造成影响。

**5. 按发生代数分类**

①每年 4 代以上。蚜虫（10 代）、叶螨（5～9 代）、二斑叶螨（10 代）、潜叶蛾（6～7 代）、梨小食心虫（4 代以上）、绿盲蝽（4 代以上）、苹小卷叶蛾（3～4 代）和桃一点叶蝉（3～4 代）等。

②每年 2～3 代。大青叶蝉（3 代）、桑白蚧（2 代）和桃蛀螟（2～3 代）等。

③每年 1 代。黑绒金龟子、桃小蠹、茶翅蝽、白星花金龟子、苹毛金龟子和桃绿吉丁虫（1～2）等。

④每 2 年以上发生 1 代。黑蝉（4～5 年）和红颈天牛（2～3 年）等。

# 四、果园主要害虫天敌种类及其保护利用

## （一）果园主要害虫天敌种类和生物学特性

果园主要害虫天敌种类包括：天敌昆虫和蜘蛛（表 7-1）、食虫鸟类（表 7-2）、寄生性天敌（表 7-3）和昆虫病原微生物。

瓢虫是果园中主要的捕食性天敌，均以成虫在树缝、树根和枯枝落叶等处越冬。草蛉以成虫躲藏于背风向阳处的草丛、枯枝落叶、树皮缝或树洞内越冬。捕食螨以雌成虫在树皮裂缝或翘皮下越冬。食虫椿象以雌成虫在树枝和树干的翘皮下越冬。蜘蛛抗逆能力很强，对高温、低温和饥饿等有极强的忍耐力，群落复杂，捕食方式多种多样，可以控制不同习性的害虫，有的在地面土壤间隙作穴结网，可捕食地面害虫。螳螂是多种害虫的天敌，具有分布广、捕食期长、食虫范围广和繁殖

力强等特点，在植被多样化的果园中数量较多。食虫鸟类在农林生物多样性中占有重要地位，它与害虫形成相互制约的密切关系，是害虫天敌的一大类群，对控制害虫种群作用很大。

表 7-1　天敌昆虫和蜘蛛种类、寄主及发生代数

| 种类 | 主要类型 | 捕食寄主 | 发生代数（华北地区） |
|---|---|---|---|
| 瓢虫 | 七星瓢虫、异色瓢虫、龟纹瓢虫和多异瓢虫等 | 桃蚜、桃粉蚜和桃瘤蚜等 | 1 年发生 4～5 代 |
| | 深点食螨瓢虫、黑襟毛瓢虫和连斑毛瓢虫 | 山楂叶螨、苹果全爪螨和二斑叶螨等 | 1 年发生 4～5 代 |
| | 黑缘红瓢虫、红点唇瓢虫、红环瓢虫和中华显盾瓢虫等 | 朝鲜球蚧、桑盾蚧和东方盔蚧等 | 1 年发生 1 代 |
| 草蛉 | 大草蛉、丽草蛉、中华草蛉、叶色草蛉和普通草蛉等 | 蚜虫、叶螨、叶蝉、蓟马、介壳虫和鳞翅目害虫的低龄幼虫和多种卵 | 1 年发生 3～5 代 |
| 捕食螨 | 智利小植绥螨、西方静走螨、伪钝绥螨、黄瓜新小绥螨、加州新小绥螨和斯氏钝绥螨、西方静走螨、伪新小绥螨、东方钝绥螨、胡瓜新小绥螨和巴氏新小绥螨，但以植绥螨为主 | 山楂叶螨、二斑叶螨等害螨，还能捕食一些蚜虫、介壳虫、蓟马和粉虱等小型害虫 | 植绥螨一般 1 年发生 8～12 代 |
| 食虫椿象 | 东亚小花蝽，小黑花蝽和黑顶黄花蝽等 | 蚜虫、叶螨、蚧类以及鳞翅目害虫的卵及低龄幼虫等 | 小黑花蝽 1 年发生 4 代 |
| | 猎蝽科的白带猎蝽和褐猎蝽等 | 蚜虫、叶蝉、椿象和卷叶蛾等 | 白带猎蝽 1 年发生 1 代 |

（续）

| 种类 | 主要类型 | 捕食寄主 | 发生代数（华北地区） |
|---|---|---|---|
| 食蚜蝇 | 黑带食蚜蝇、斜斑额食蚜蝇等 10 余种 | 以捕食蚜虫为主，也可捕食叶蝉、介壳虫、蛾类害虫的卵和初龄幼虫 | 黑带食蚜蝇 1 年发生 4～5 代 |
| 蜘蛛 | 三突花蛛 | 桃粉蚜、桃瘤蚜、桃蚜和山楂叶螨等 | 1 年发生 2～3 代 |
| | 柔弱长蟹蛛 | 桃一点叶蝉、蚜虫和潜叶蛾等 | 1 年发生 1 代 |
| 螳螂 | 中华螳螂、广腹螳螂和薄翅螳螂等 | 蚜虫类、蛾类（桃小食心虫、梨小食心虫）、叶蝉、甲虫类和椿象类等 60 多种害虫 | 1 年发生 1 代 |

表 7-2　食虫鸟类种类、寄主及捕食量

| 种类 | 主要类型 | 捕食寄主 | 捕食量 |
|---|---|---|---|
| 大山雀 | 大山雀、沼泽山雀和长尾山雀等，大山雀是最常见的一种 | 桃小食心虫、天牛幼虫、天幕毛虫幼虫、叶蝉及蚜虫等 | 每天可捕食害虫 400～500 头 |
| 大杜鹃 | 大杜鹃和鹰头鹃，其中以大杜鹃最为常见 | 取食大型害虫为主，如甲虫和鳞翅目幼虫，特别喜食一般鸟类不敢啄食的毛虫，如天幕毛虫和刺蛾等害虫的幼虫 | 1 头成年杜鹃 1 天可捕食 300 多头大型害虫 |
| 啄木鸟 | 大斑啄木鸟 | 主要捕食鞘翅目害虫和椿象等 | 每天可取食 1 000～1 400 头害虫幼虫 |

表 7-3　寄生性天敌种类、寄主及发生代数

| 种类 | 主要类型 | 寄主 | 发生代数 |
|---|---|---|---|
| 赤眼蜂 | 松毛虫赤眼蜂、螟黄赤眼蜂、舟蛾赤眼蜂和毒蛾赤眼蜂等。以松毛虫赤眼蜂为主 | 能寄生 400 余种昆虫卵，尤其喜欢寄生鳞翅目昆虫卵，如梨小食心虫和刺蛾等 | 华北地区 1 年可发生 10～14 代 |
| 蚜茧蜂 | 桃蚜茧蜂和桃瘤蚜茧蜂 | 桃蚜、桃瘤蚜 | 桃瘤蚜茧蜂 1 个世代需 10～12 天 |
| 寄生蝇 | 桃树上常见的有卷叶蛾赛寄蝇 | 梨小食心虫 | 1 年发生 3～4 代 |
| 姬蜂 | 梨小食心虫白茧蜂 | 梨小食心虫 | 1 年发生 4～5 代 |
| 茧蜂 | 花斑马尾姬蜂 | 天牛 | 1 年发生 2 代 |

昆虫病原微生物主要有苏云金杆菌和白僵菌。苏云金杆菌的杀虫机理是其能产生多种有致病力的毒素，最主要的是伴孢晶体毒素和 β-外毒素。此种细菌杀虫剂与化学农药相比，致死害虫速度较慢，因此使用此菌比常用农药防治时间要提前。它对害虫天敌无伤害，长期使用苏云金杆菌防治食叶类鳞翅目害虫，能使天敌得到保护。白僵菌是虫生真菌，应用球孢白僵菌防治出土期桃小食心虫，卵孢白僵菌防治蛴螬类害虫，都取得了很好效果。白僵菌对桃小食心虫的自然寄生率常可达20％～60％。与化学农药相比，寄生专一性强，可保护天敌，持效性长，可在条件适宜时造成流行病，形成横向和垂直传播。但孢子侵入到寄主要 3～4 天的发病时间，致死害虫速度慢，且要求一定的温度。霉蚜菌对防治桃蚜的效果也很好。感染该菌的桃蚜，行动迟缓，体色变浅，体形稍大，死后体形比正常蚜虫大 2～3 倍，表面呈白色，以假根附于桃叶上，症状比较明显。

## （二）加强对果园主要害虫天敌的保护利用

桃树生长期遭受多种害虫危害，但是捕杀害虫的天敌的种

类和数量较多，它是控制害虫种群数量的重要因素。到目前为止，还没有发现一种没有天敌控制的害虫，若害虫一旦失去天敌的控制，将会以惊人的速度繁殖。但是自然界中的生物都是相互制约和相互依存的平衡关系，如长期不合理使用农药或植被单一化，会使天敌数量锐减，这种平衡关系将会被人为打破，导致害虫猖獗危害。为此，必须采取积极有效的措施保护天敌，充分发挥其自然控制作用。

**1. 改善果园生态环境** 生物多样性是促进天敌丰富的基础。因此果园周围应种植防护林，园内栽培蜜源植物，果树行间种植牧草或间作油菜和花生等，这样的果园符合生物多样性的要求，其害虫天敌种类和数量就会增加。在果园种植紫花苜蓿等覆盖植物，可为天敌提供猎物、活动和繁殖的良好场所，增强对蚜和螨等害虫的自然控制能力。保护好果园周围的麦田天敌，对控制桃树上的蚜虫亦有明显效果。另外，在果园内种植开花期较长的植物，可吸引寄生蜂、寄生蝇、食蚜蝇和草蛉等飞到果园取食、定居和繁殖。

**2. 配合农业措施，直接保护害虫天敌** 冬季或早春刮树皮是防治山楂叶螨、二斑叶螨、梨小食心虫和卷叶蛾等害虫的有效措施，但是六点蓟马、小花蝽、捕食螨和食螨瓢虫及多种寄生蜂均在树皮裂缝或树穴等处越冬，为了既消灭害虫，又保护天敌，可采用上刮下不刮的办法，或改冬天为春季桃树开花前刮，这时大多数天敌已出蛰活动。如刮治时间较早，可将刮下来的树皮放在粗纱网内，等到天敌出蛰后再将树皮烧掉。

为了保护果园蜘蛛、小花蝽和食螨瓢虫等天敌，可采用树干基部捆草把或种植越冬作物，园内零星堆草或挖坑堆草等，人为创造越冬场所供其栖息，以利于天敌安全越冬。另外，对摘下或剪下的虫果、虫枝、虫叶亦可收集放于大纱网内，因为虫果内的桃小食心虫幼虫常有桃小甲腹茧蜂寄生，梨小食心虫和卷叶蛾危害的虫梢中有多种寄生性天敌，对这些天敌应加以保护利用。另外，在果园四周种植乔木和灌木相结合的防护林，或在园内悬挂人工巢箱，创造鸟类栖息和繁殖的场所，可以明显增加果园内益鸟的数量。

**3. 使用选择性杀虫剂** 农药是防治桃树病虫害必须采取的措施，但是它对天敌的杀伤力轻重不一，因此要选择高效、低毒且对天敌的杀伤力较小的农药品种，并要改进喷药技术，以协调防治病虫和保护天敌的矛盾。一般来说，生物源农药对天敌杀伤轻，化学源农药杀伤天敌重。化学源农药对天敌的杀伤力亦有较大差异，有机磷和氨基甲酸酯类杀虫剂对天敌毒性最大，其次是菊酯类农药，而昆虫生长调节剂对天敌则比较安全。在生物源农药中，微生物农药比较安全，农抗类农药影响大一些。

另外，可采用生态选择的方式，调整施药技术，保护天敌。常用的方法：①改进施药方式。例如，防治蚜虫，可将树上喷雾改为树干涂药包扎，对天敌基本无害。当蚜螨类害虫发生不普遍时，可将全园普治为点片防治。②严格防治指标，调整防治时期，不要见虫就治，特别是蚜虫和叶螨，要根据益害比确定防治关键时期，例如，天敌和害螨比例在1∶30时可不防治，当超过1∶50时开展防治。抓住春季害虫出蛰期防治，压低虫源基数，可减少夏季喷药次数。③降低用药浓度。

**4. 人工繁殖释放害虫天敌** 对于一些常发性害虫，单靠天敌自身的自然增殖是很难控制害虫的，因为天敌往往是跟随害虫之后发生的，比较被动。当在害虫发生之初自然天敌不足时，提前释放一定数量的天敌，则能主动控制害虫，取得较好的效果。

# 五、提高农药使用效率，尽量减少农药用量

2015年1月28日农业部部长主持召开常务会议审议并原

则通过了《农药使用量零增长行动方案》。这个行动方案的目标是到 2020 年主要农作物农药利用率达到 40% 以上，比 2013 年提高 5 个百分点，力争实现农药使用量零增长。

## （一）大量使用农药造成的危害

（1）杀伤天敌。众所周知，大量使用农药不仅杀死害虫，同时也杀伤了大量天敌昆虫。

（2）污染环境。喷洒的农药，只有一小部分黏附在桃树上，大部分降落在地面，或飘浮到空中。在空中的农药粉粒，有的随着气流飘到远处，然后随着降雨落到土壤和水中。落在地面的农药，渗入到土壤中，部分又随着雨水、灌水等，流入江、河、湖、海或深层灌水。

（3）农药残留。黏附在桃树上的农药，一部分残留在植物表面，一部分通过叶片组织渗入植物体内，运转到植物各部分。降落在土壤与水中的农药，也可被植物根部吸收，进入植物体。特别是施药不当，例如，在接近成熟期施用过多、过浓的农药，更会造成果实上有过量的农药残留。

（4）病虫耐药性增强，用药量越来越大，次数越来越多，喷药效果越来越不理想，形成了恶性循环。

（5）降低土壤微生物和酶活性。高浓度农药进入土壤后，会对土壤微生物产生毒害作用，对酶活性也产生抑制作用，对土壤微生物群落的多样性产生影响，破坏土壤净化功能，以致土壤生态系统难以维持和恢复。

总之，农药的过量使用，影响到果实的安全性和可持续发展，破坏了生态环境，作物对农药形成了严重的依赖性。

## （二）减少农药使用量的措施

**1. 非化学防治技术的应用** 综合应用生物防治、农业防治和物理防治，在一定程度上可以减轻和控制病虫害。如果使用方法全面、到位，可以基本控制其危害。如使用梨小食心虫迷向素，每年涂抹 3 次，基本可以控制梨小食心虫危害。

**2. 提高用药效率，尽量做到"一药多治"**

（1）制订进行防治的综合防治方案，每年每园只喷3～4 次药，避免一虫（病）一治。

（2）提高用药效率。重视桃树发芽期的化学防治，桃树萌芽期，在桃树上越冬的大部分害虫已经出蛰，开始在芽体上危害。此时喷药有以下优点：①大部分害虫暴露在外面，又无叶片遮挡，容易接触药剂；②经过冬眠的害虫，体内的大部分营养已被消耗，虫体对药剂的抵抗力明显降低，触药后易中毒死亡；③天敌数量较少，喷药不影响其种群繁殖；④省药、省功。

（3）进行科学预报，适时喷药。

（4）选用高效药械。大中型高效药械替代小型低效药械，减少喷药量，节省农药。

（5）掌握喷药技术。每次喷药对主干、主枝、叶片和果实等均要喷到，要全面、细致、周到，不漏树、不漏枝。尤其要注重枝干喷药。

（6）病虫害统防统治。尤其是对于易于迁飞的害虫，更要同时喷药，避免此园打、彼园不打，害虫从此园飞到彼园。

（7）科学交替和混用农药。

①交替用药。防治病虫害不要长期单一使用同一种农药，应尽量选用作用机理不同的几个农药品种，如杀虫剂中的拟除虫菊酯、氨基甲酸酯、昆虫生长调节剂及生物农药等几大类农药，交替使用，也可在同一类农药中不同品种间交替使用。杀菌剂中内吸性、非内吸性和农用抗生素交替使用，也可明显延缓病害抗药性的产生。

②混用农药。将 2～3 种不同作用方式和机理的农药混用，可延缓病虫抗药性的产生和发展速度。农药能否混用，必须符

合下列原则：①要有明显的增效作用；②对植物不能发生药害，对人、畜的毒性不能超过单剂；③能扩大防治对象；④降低成本。混配农药也不能长期使用，否则同样会产生抗药性。

**3. 选用替代农药** 绿色生物农药、高效低毒低残留农药替代高毒高残留农药。推广使用生物杀虫剂和特异性杀虫剂，目前，我国在果树害虫防治上用得较多的生物杀虫剂主要有阿维菌素、华光霉素、浏阳霉素、苏云金杆菌和白僵菌等。

# 六、桃主要病虫害种类及防治技术

## （一）主要病害及防治

### 1. 桃细菌性穿孔病

（1）症状。主要危害叶片，也可危害新梢和果实。发病初期叶片上呈半透明水渍状小斑点，扩大后为圆形或不规则形、直径1～5毫米的褐色病斑，边缘有黄绿色晕环，病斑逐渐干枯，周边形成裂缝，仅有一小部分与叶片相连，脱落后形成穿孔。新梢受害时，初呈圆形或椭圆形病斑，后凹陷龟裂，严重时，新梢枯死。被害果初为褐色水渍状小圆斑，以后扩大为暗褐色稍凹陷的斑块，空气潮湿时产生黄色黏液，干燥时病部发生裂痕。

（2）发病规律。病原细菌在病枝组织内越冬，翌春随气温上升，潜伏的细菌开始活动，借风雨、露滴及昆虫传播。在降雨频繁、多雾和温暖阴湿的气候条件时病害严重，干旱少雨时发病轻。树势弱、排水和通风不良的桃园发病重，虫害严重如叶螨危害猖獗时，发病重。

（3）防治方法。

①农业防治。加强桃园综合管理，增强树势，提高抗病能力。园址切忌建在地下水位高的地方或低洼处。土壤黏重和雨

水较多时，要筑台田，改土防水。同时要合理整形修剪，改善通风透光条件。冬夏修剪时，及时剪除病枝，清扫病叶，集中烧毁或深埋。砍除园内混栽的李、杏、樱桃等传染源，因为这些树种对细菌性穿孔病感病性强。

②化学防治。芽膨大前期喷施 2～5 波美度石硫合剂或 1：1：100 倍波尔多液，杀灭越冬病菌。展叶后喷药 3～4 次。可用 72％农用硫酸链霉素 2 000～3 000 倍液、3％中生菌素 400～600 倍液、33.5％喹啉铜 800 倍液等，每次间隔 10 天左右。

**2. 桃树根瘤病**

（1）症状。根瘤主要发生于根颈部，也发生于主根、侧根。根瘤通常以根颈和根为轴心，环生和偏生一侧，数目少的 1～2 个，多者 10 余个。大小相差较大，大的如核桃或更大，小的如豆粒。有时若干瘤形成一个大瘤。初生瘤光洁，多为乳白色，少数微红色，后渐变为褐色至深褐色，表面粗糙，凹凸不平，内部坚硬。后期为深黄褐色，易脱落，有时有腥臭味。老熟根瘤脱落后，其附近处还可产生新的次生瘤。发病植株表现为地上部生长发育受阻、树势衰弱、叶薄、色黄，严重时死亡。有的树，虽有少量根瘤，但是树体生长和结果正常。

（2）发病规律。病原细菌存活于根瘤组织皮层和土壤中，可存活 1 年以上。传播的主要载体是雨水、灌溉水、地下害虫和线虫等，苗木带菌是远距离传播的主要途径。病菌从嫁接口、虫伤、机械伤及气孔侵入寄主。桃苗与杨苗、林地苗重茬根瘤发生明显增多。碱性土壤、土壤湿度大、黏性土、排水不良等，有利于侵染和发病。

（3）防治方法。

①农业防治。一是避免重茬。不在原林、果园地种植桃树。二是嫁接苗木采用芽接法，以免伤口接触土壤，减少传染机会。对碱性土壤应适当施用酸性肥料或增施有机肥和绿肥

等，以改变土壤反应，使之不利于发病。

②化学防治。一是苗木消毒。仔细检查苗木，先去除病、劣苗，然后用 K84 生物农药 30～50 倍液浸根 3～5 分钟，或 3％次氯酸钠溶液 3 分钟，或 1％硫酸铜溶液浸 5 分钟后再放到 2％石灰液中浸 2 分钟。以上 3 种消毒法同样也适于桃核处理。二是病瘤处理。在定植后的桃树上发现有瘤时，先用快刀彻底切除根瘤，然后用 100 倍硫酸铜溶液或 80％的乙蒜素乳油 50 倍液消毒切口。

### 3. 桃疮痂病

（1）危害症状。主要危害果实，也可危害枝梢和叶片。果实发病初期，出现绿色水渍状小圆斑点，后渐呈暗绿色。本病与细菌性穿孔病很相似，但区别在于病斑是绿色，严重时一个果上可有数十个病斑。病菌侵染仅限于表皮病部木栓化，随果实增大，形成龟裂。病斑多发生于果肩部。幼梢发病，初期为浅褐色椭圆形小点，后由暗绿色变为浅褐色和褐色，严重时小病斑连成大片。叶片发病，叶背出现多角形或不规则的灰绿色病斑，以后两面均为暗绿色，渐变为褐色至紫褐色。最后病斑脱落，形成穿孔，重者落叶。

（2）发病规律。病菌在一年生枝病斑上越冬，翌春病原孢子以雨水、雾滴、露水为载体，进行传播。一般情况，早熟品种发病轻，中晚熟品种发病重。病菌发育的最适温度为 20～27℃，多雨潮湿的天气或黏土地、树冠郁闭的果园容易发病。

（3）防治方法。

①农业防治。加强桃园管理，及时进行夏季修剪，改善通风透光条件，防止郁闭，降低湿度。桃园铺地膜，可明显减轻发病。果实套袋可以减轻病害发生。冬剪时彻底剪除病枝并烧毁，减少病源。

②化学防治。芽膨大前期喷施 2～5 波美度石硫合剂。果实膨大期至成熟前 20 天喷施 25％咪鲜胺 1 000 倍液、430 克/

升戊唑醇或 400 克/升苯醚甲环唑 4 000 倍液、50％多菌灵或 70％甲基硫菌灵 500～800 倍液等，每次间隔 10 天左右。如果套袋，必须提前施药。

**4. 桃炭疽病**

（1）危害症状。主要危害果实，也可危害叶片和新梢。幼果指头大时即可感病，初为淡褐色小圆点，后随果实膨大呈圆形或椭圆形，红褐色，中心凹陷。气候潮湿时，在病部长出橘红色小粒点，幼果感病后便停止生长，形成早期落果。气候干燥时，形成僵果残留在树上，经冬雪风雨不落。成熟期果实感病，初为淡褐色小病斑，渐扩展成红褐色同心环状，并融合成不规则大斑。病果多数脱落，少数残留在树上。新梢上的病斑呈长椭圆形，绿褐色至暗褐色，稍凹陷，病梢叶片呈上卷状，严重时枝梢枯死。叶片病斑圆形或不规则形，淡褐色，边缘清晰，后期病斑为灰褐色。

（2）发病规律。病菌以菌丝在病枝、病果上越冬。翌春借风雨、昆虫传播，形成第一次侵染。5 月上旬被侵染幼果开始发病。高湿是发病的主导诱因。花期低温多雨有利于发病，果实成熟期温暖、多雨及粗放管理、土壤黏重、排水不良、施氮过多、树冠郁闭的桃园发病严重。

（3）防治方法。

①农业防治。一是桃园选址。切忌在低洼、排水不良的黏质土壤建园。尤其在江河湖海及南方多雨潮湿地区建园，要起垄栽植，并注意品种的选择。二是加强栽培管理。多施有机肥和磷钾肥，适时夏剪，改善树体结构，通风透光。及时摘除病果，减少病原。冬剪时彻底剪除病枝、僵果，并集中烧毁或深埋。

②化学防治。萌芽前喷 3～5 波美度石硫合剂。在花前、花后和幼果期及时喷药 2～3 次，使用 75％百菌清或 80％炭疽福美 500 倍液（发病前用）、50％多菌灵或 70％甲基硫菌灵

500～800 倍液等，每次间隔 10 天左右。果实套袋前要喷施 1～2 次药。

### 5. 桃褐腐病

（1）危害症状。果实从幼果到成熟期至贮运期都可发病，但以生长后期和贮运期果实发病较多而重。果实染病后，果面开始出现小的褐色斑点，后迅速扩大为圆形褐色大斑，果肉呈浅褐色，并很快烂透整个果实。同时，病部表面长出质地密结的串珠状灰褐色或灰白色霉丛，初为环纹状，并很快遍及全果。烂果除少数脱落外，大部分干缩成褐色至黑色僵果，经久不落。感病花瓣、柱头初为褐色斑点，渐蔓延至花萼与花柄，长出灰色霉。气候干燥时则萎缩干枯，长留树上不落。嫩叶发病常自叶缘开始，初为暗褐色病斑，并很快扩展至叶柄，叶片如霜害，病叶上常具灰色霉层，也不易脱落。枝梢发病多为病花梗、病叶及病果中的菌丝向下蔓延所致，渐形成长圆形溃疡斑。当病斑扩展环绕枝条一周时，枝条即枯死。

（2）发病规律。病菌在僵果和被害枝的病部越冬。翌春借风雨、昆虫传播，由气孔、皮孔、伤口侵入，为初次侵染。分生孢子萌发产生芽管，侵入柱头、蜜腺，造成花腐，再蔓延到新梢。病果在适宜条件下长出大量分生孢子，引起再侵染。多雨、多雾的潮湿气候有利于发病。

（3）防治方法。

①农业防治。结合冬剪彻底清除树上、树下的病枝、病叶和僵果，集中烧毁。冬季深翻树盘，将病菌埋于地下。加强果园管理，搞好夏剪，通风透光。及时防治椿象、食心虫、桃蛀螟等，减少伤口。

②化学防治。芽膨大期喷施 3～5 波美度石硫合剂。落花后喷施 1～2 次 50%腐霉利 1 000 倍液或 50%多菌灵、70%甲基硫菌灵 500～800 倍液等，每次间隔 10 天左右。果实中后期，根据降雨情况，继续使用上述药剂。果实套袋前要喷施 1～2 次药。

**6. 桃白粉病**

（1）危害症状。叶片感病后，叶正面产生失绿性淡黄色小斑，其边缘极不明显，斑上生白色粉状物，斑叶呈波浪状。夏末秋初时，病叶上常生许多黑色小点粒，病叶常提前干枯脱落。果实以幼果较易感病，病斑圆形，被覆密集白粉状物，果形不正，常为歪状。

（2）发病规律。病菌以寄生状态潜伏于寄生组织或芽内越冬。翌春寄生发芽至展叶时，以分生孢子和子囊孢子随气流和风传播形成初侵染，分生孢子在空气中能发芽，一般产生 1～3 个芽管，立即伸入寄生体内吸取养分，以外寄生形式在寄主体表进行寄生生活，并不断产生分生孢子，形成重复侵染。在一般年份桃白粉病以幼苗发生较多且重，大树发病较少且危害较轻。

（3）防治方法。

①农业防治。落叶后至发芽前彻底清除果园落叶，集中烧毁。发病初期及时摘除病果并深埋。

②化学防治。芽膨大前期喷洒石硫合剂，消灭越冬病原。发病初期及时喷施 50％硫悬浮剂 500 倍液，或 50％多菌灵可湿性粉剂 600～800 倍液，或 70％甲基硫菌灵可湿性粉剂 800 倍液，均有较好效果。在苗圃当实生苗长出 4 片真叶时开始喷药，每 15～20 天喷 1 次。石硫合剂对该病防治效果较好，但夏季气温高时应停用，以免发生药害。

**7. 桃溃疡病**

（1）危害症状。病斑出现时，树皮稍隆起，之后明显肿胀，用手指按压稍觉柔软，并有弹性。皮层组织红褐色，有胶体出现，有酒糟味，后来病斑干缩凹陷，最后整个大枝明显凹陷成条沟，严重削弱树势。

（2）发病规律。以菌丝体、子囊壳、分生孢子器在枝干病组织中越冬，翌春孢子从伤口枯死部位侵入寄主体内。病斑在早春、初夏扩大。在雨天或浓雾潮湿天气排出孢子传染。衰弱、高接树容易感染此病。

（3）防治方法。

①农业防治。加强栽培管理，多施有机肥，增强树势。

②化学防治。病斑小时在秋末早春彻底刮除病组织，然后涂上伤口保护剂，如菌毒清、松焦油原液和混合脂肪酸等，最好用塑料薄膜包扎。

### 8. 桃流胶病

（1）危害症状。此病多发生于桃树枝干，尤以主干和主枝杈处最易发生，初期病部略膨胀，逐渐溢出半透明的胶质，雨后加重。其后胶质渐成冻胶状，失水后呈黄褐色，干燥时变为黑褐色。严重时树皮开裂，皮层坏死，生长衰弱，叶色变黄，果小味苦，甚至枝干枯死。

（2）发病规律。危害时，病菌孢子借风雨传播，从伤口和侧芽侵入，一年两次发病高峰。在南京为5月下旬至6月上旬和8月上旬至9月上旬。非侵染性病害发生流胶后，容易再感染侵染性病害，尤以雨后为甚，树体迅速衰弱。

桃树发生流胶的原因比较复杂，凡是使桃树正常生长发育产生阻碍的因素都导致流胶病的发生。①由于寄生性真菌、细菌的危害，如炭疽病、疮痂病、细菌性穿孔病等均能引起流胶。②根部病害如根瘤病等，使树体生长衰弱，降低抗性，也易发生流胶。③枝干、果实害虫如红颈天牛、大青叶蝉等引起主干、主枝和小枝流胶，梨小食心虫、桃蛀螟和椿象引起果实流胶。④机械损伤、剪锯口、雹害、冻害、日灼及重修剪也能引起流胶。⑤不良环境条件如排水不良、灌溉不当、土壤黏重、土壤盐碱化或酸化、土壤缺镁等也有可能出现流胶。⑥砧木与品种的亲和性不良，如毛樱桃砧、杏砧接桃容易发生流胶。⑦施用除草剂的桃园流胶病加重。

（3）防治方法。

①选用抗流胶品种。原产于西北高旱地区、云贵高原桃区的品种不抗流胶病，而长江流域桃区的品种相应地抗流胶病。

②加强土肥水管理，改善土壤理化性质，提高土壤肥力，增强树体抵抗能力。防止霜害、冻害和日灼。南方桃园要高畦深沟，注意桃园排水，合理修剪，尽量避免去大枝。

③及时防治桃园各种病虫害。芽膨大前期喷施3～5波美度石硫合剂，要及时防治各种病虫害，尤其是枝干和果实病虫害。

④剪锯口和病斑及时处理。对于较大的剪锯口和病斑要刮除后及时涂抹843康复剂。

⑤树干大枝涂白。落叶后，对树干和大枝进行涂白，可以防止冻害和日灼，兼杀菌治虫。涂白剂配制方法：生石灰12千克，食盐2～2.5千克，大豆汁0.5千克，水36千克。

⑥南方桃产区，在梅雨后期先刮去树体上的流胶，在病部涂刷上代森胺液或托福合剂加水溶液等，再用旧报纸包绕病树，用麻绳或划绳缚扎，该措施有较好的防效，且不影响桃树生长。

⑦在生长季节杂草较多时，不喷或少喷除草剂，可以减轻流胶病发生。

## （二）主要虫害及其防治

**1. 蚜虫** 危害桃树的蚜虫主要有3种：桃蚜、桃粉蚜和桃瘤蚜。生产中常见的主要是桃蚜。

（1）危害症状。桃蚜与桃粉蚜以成虫或若虫群集叶背吸食汁液。桃蚜危害的嫩叶皱缩扭曲，严重时被害树当年枝梢生长和果实发育受影响。桃粉蚜发生时期晚于桃蚜。桃粉蚜危害时，叶背布满白粉，有时在成熟叶片上危害。桃瘤蚜对嫩叶、老叶均可危害，被害叶的叶缘向背面纵卷，卷曲处组织增厚，凹凸不平，初为淡绿色，渐变为紫红色，严重时全叶卷曲。

（2）发生规律。蚜虫在北方一年发生 10 余代。卵在桃树枝条间隙及芽腋中越冬，3 月中下旬开始孤雌胎生繁殖，新梢展叶后开始危害。有些在盛花期时，危害花器，刺吸子房，影响坐果。繁殖几代后，在 5 月开始产生有翅成虫，6～7 月飞迁至第二寄主，如烟草、萝卜等蔬菜上，到 9～10 月再次飞回桃树上产卵越冬。

（3）防治方法。

①农业防治。清除枯枝落叶，将被害枝梢剪除并集中烧毁。在桃树行间或果园附近，不宜种植烟草、白菜等，以减少蚜虫的夏季繁殖场所。桃园内种植大蒜，可相应减轻蚜虫的危害。

②生物防治。蚜虫的天敌很多，有瓢虫、食蚜蝇、草蛉、蜘蛛等，对蚜虫有很强的抑制作用。应尽量避免在天敌多时喷药。桃蚜初发期，可释放七星瓢虫、异色瓢虫、草蛉等天敌。以释放瓢虫为例，每亩桃园释放量为 2 000 头/次，早春释放 2～3 次，桃树益害比达 1∶30 时可停止释放。

③化学防治。萌芽期和发生期，喷施 22.4％螺虫乙酯（亩旺特）3 000～4 000 倍液，或 50％吡蚜酮水分散粒剂 3 000～4 000 倍液。一般掌握喷药及时细致、周到，不漏树、不漏枝，1 次即可控制。

**2. 山楂叶螨**

（1）危害症状。山楂叶螨常群集叶背危害，并吐丝拉网（雌虫）。早春出蛰后，雌虫集中在内膛危害，形成局部受害现象，以后渐向外围扩散。被害叶面出现失绿斑点，逐渐扩大成褐色斑块，严重时叶片焦枯脱落，影响树势和花芽分化。

（2）发生规律。山楂叶螨以受精的雌虫在枝干树皮的裂缝中及靠近树干基部的土块缝里越冬。每年发生 5～9 代，具体情况因各地气候而异。一般是 6 月开始危害，7～8 月繁殖最快，当高温且干燥时危害尤其严重。8～10 月产生越冬成虫。越冬雌虫出现早晚与桃树受害程度有关，受害严重时 7 月下旬即产生越冬成虫。

（3）防治方法。

①农业防治。秋冬季结合土壤耕翻和冬灌，在树干基部培土拍实，防止越冬螨出蛰上树；落叶后刮除树干粗老翘皮，连同枯枝落叶清理出果园集中烧毁；树干绑诱虫带（草），诱集下树越冬害螨。于冬季至春季出蛰前将其解除并集中烧毁，消灭越冬成螨，减少春季越冬害螨基数。加强土肥水管理，增强树势，合理修剪和负载，改善风光条件。

②生物防治。天敌有食螨瓢虫、小花蝽、食虫盲蝽、草蛉、蓟马、隐翅甲、捕食螨等数十种，为保护自然天敌，在果树生长前期尽量少喷或不喷施广谱性杀虫剂。

③化学防治。发芽前喷洒 3～5 波美度石硫合剂。发生时，喷 1.8%阿维菌素乳油 3 000 倍液。还可选择螺螨酯、唑螨酯和甲维盐等。

**3. 二斑叶螨**

（1）危害症状。以幼螨、成螨群集在叶背取食和繁殖。严重时叶片呈灰色，大量落叶。该螨有明显的结网习性，特别在数量多时，丝网可覆盖叶的背面或在叶柄与枝条间拉网，叶螨在网上产卵、穿行。

（2）发生规律。每年发生 10 代以上。以受精雌成虫在树干皮下、粗皮裂缝内和杂草下群集越冬。4 月上中旬为第一代卵期，6～8 月为猖獗危害期，10 月陆续越冬。

（3）防治方法。

①农业防治。冬季清园，刮树皮，及时清除地下杂草。在越冬雌成虫进入越冬前，树干绑草，诱集其在草上越冬，早春出蛰前解除绑草烧毁。

②生物防治。保护、利用和引进二斑叶螨天敌——西方盲走螨。

③化学防治。发芽前喷洒 3～5 波美度石硫合剂。在发生初期，喷施 1.8％阿维菌素乳油 4 000 倍液。还可选择螺螨酯、唑螨酯和甲维盐等。重点喷施树冠内膛叶片。二斑叶螨的防治以早治效果较好。

**4. 桃潜叶蛾**

（1）危害症状。幼虫在叶组织内串食叶肉，形成弯曲的食痕。叶片表皮不破裂，由叶面透视，清晰可见，严重时受害叶片枯死脱落。

（2）发生规律。该虫以蛹在茧内越冬。翌年展叶后成虫羽化产卵，幼虫孵化后即潜入叶肉内危害。每年发生 6～7 代。11 月即开始化蛹越冬。

（3）防治方法。

①农业防治。冬季彻底清除落叶，消灭越冬蛹。

②化学防治。在成虫发生高峰期 3～7 天内进行防治，可连续喷药 2 次，间隔 5～7 天。可用 25％灭幼脲 3 号悬浮剂 1 000～2 000 倍液，或 20％杀铃脲悬浮剂 8 000 倍液，还可选用氟铃脲和甲维盐等。喷药应在发生前期进行，危害严重时再喷药效果不佳。

**5. 苹小卷叶蛾**

（1）危害症状。幼虫吐丝缀叶，潜居其中危害，使叶片枯黄，破烂不堪。并将叶片缀贴到果上，啃食果皮和果肉，把果皮啃成小凹坑。

（2）发生规律。每年发生 3～4 代，以幼虫在剪锯口、老树皮缝隙内结白色小茧越冬。翌年桃树发芽时幼虫开始出蛰，蛀食嫩芽。以后吐丝将叶片连缀，并可转叶危害，幼虫非常活泼。幼虫老熟后，在卷叶内或缀叶间化蛹。成虫夜晚活动，有趋光性，对糖醋液趋性很强。

（3）防治方法。

①农业防治。桃树休眠期彻底刮除树体粗皮、剪锯口周围死皮，消灭越冬幼虫。发现有吐丝缀叶者，及时剪除虫梢，消灭正在危害的幼虫。桃果接近成熟时，摘除果实周围的叶片，防止幼虫贴叶危害；9月上旬主枝绑草把或诱虫带，或布条，诱集越冬幼虫，冬季集中销毁。

②物理防治。树冠内挂糖醋液诱集成虫。

③生物防治。在卵期释放赤眼蜂，幼虫期释放甲腹茧蜂，并保护好狼蛛。

④化学防治。在苹小卷叶蛾第一代和第二代发生高峰期可用52.25%氯氰·毒死蜱乳油2 000倍液进行防治，或48%毒死蜱乳油1 500倍液，或5%氟虫脲乳油1 000～1 500倍液。

**6. 梨小食心虫**

（1）危害症状。初期发生的幼虫主要危害桃树新梢，从新梢未木质化的顶部蛀入，向下部蛀食，桃梢受害后梢端中空，当到木质化部分时，便从中爬出，转至另一新梢危害。也可以危害果实。受害桃果上有蛀孔，有的从蛀果处流胶，并引起腐烂。蛀孔部位包括果实顶部、胴部和梗洼处，通过调查发现，油桃从梗洼处蛀入的较多。

（2）发生规律。在河北中南部地区每年发生4～5代。以老熟幼虫在枝干老翘皮和根颈裂缝处及土中结成灰白薄茧越冬。也有的在绑缚物、果品库及果品包装中越冬。翌年4月化蛹，之后羽化为成虫后，在桃叶上产卵，第一代和第二代幼虫主要危害桃树新梢。危害果实的产卵于果实表面。石家庄地区一般7～8月发生的幼虫主要危害桃果实和新梢，梨小食心虫幼虫一般只危害即将成熟的果实和正在生长的嫩梢。9月之后，由于没有正在生长的嫩梢，主要危害果实。成虫白天多静伏在叶枝、杂草等隐蔽处，黄昏后活动，对性诱剂、糖醋液及黑光灯有强烈的趋性。后期发生不整齐，世代交替。一般在与梨混栽或邻栽的果园发生重，山地、管理粗放的果园发生较重。雨水多的年份，湿度大，成虫产卵多，危害严重。

（3）防治方法。

①农业防治。

A. 新建园时尽可能避免桃和梨混栽。刮除枝干老翘皮，集中烧毁。越冬幼虫脱果前，在主枝和主干上束草诱集脱果幼虫，晚秋或早春取下烧掉，及时剪除被害桃梢。

B. 果实套袋。目前，果实套袋为一种行之有效的方法。但是去袋后，不及时采收，如此时正值产卵期，梨小食心虫同样还会到果实上产卵，之后孵化出的幼虫进入果实危害。最好能在幼虫进入果实危害之前采收。

②物理防治。黑光灯、性诱剂和糖醋液等诱杀成虫，也可作为预测预报。

③生物防治。释放松毛虫赤眼蜂，防治梨小食心虫。用梨小食心虫迷向素，开花前涂1次，以后每2~3个月涂1次。

④化学防治。关键时期是成虫发生至孵化幼虫蛀梢和蛀果前。在每一代成虫发生高峰期开始进行化学防治，可连续喷药2次，相隔5天左右。幼虫一旦进入新梢或果实危害，再进行化学防治则效果不佳。适宜的农药有35%氯虫苯甲酰胺水分散粒剂7 000倍液，或25%灭幼脲3号1 500倍液、1%苦参碱1 000倍液、白僵菌（高温高湿季节）等。或用48%毒死蜱乳油1 000倍液、2.5%高效氯氟氰菊酯1 000倍液、2.0%甲氨基阿维菌素苯甲酸盐1 000倍液，或用1.8%齐螨素乳油4 000倍液，25%杀灭菊酯2 000~2 500倍液＋25%灭幼脲3号1 500倍液等。

**7. 桃蛀螟**

（1）危害症状。以幼虫危害桃果实。卵产于两果之间或果叶连接处，幼虫易从果实肩部或两果连接处进入果实，并有转果习性。蛀孔处常分泌黄褐色透明胶汁，并排泄粪便粘在蛀孔周围。

（2）发生规律。在我国北方1年发生2～3代。以老熟幼虫在向日葵花盘、茎秆或玉米及树体粗皮裂缝、树洞等处作茧越冬。5月下旬至6月上旬发生越冬代成虫，第一代成虫发生在7月下旬至8月上旬。第一代幼虫主要危害桃，第二代幼虫多危害晚熟桃、向日葵、玉米等。成虫白天静伏于树冠内膛或叶背，傍晚产卵，主要产于桃果实表面。成虫对黑光灯有强烈趋性，对花蜜、糖醋液也有趋性。

（3）防治方法。

①农业防治。冬季或早春及时处理向日葵、玉米等秸秆，并刮除桃老翘皮，清除越冬茧。生长季及时摘除被害果，并捡拾落果，集中处理，秋季采果前在树干上绑草把诱集越冬幼虫集中杀灭。也可间作诱集植物（玉米、向日葵等），开花后引诱成虫产卵，定期喷药消灭。

②物理防治。利用黑光灯、糖醋液和性诱剂诱杀成虫。

③化学防治。在各成虫羽化产卵期喷药。建议使用氯虫苯甲酰胺、灭幼脲、杀铃脲、甲维盐、氟铃脲等低毒农药。推荐使用25％灭幼脲3号600倍液、5％杀铃脲1 000倍液、2％甲维盐微乳剂及吡虫啉、虫酰肼等农药。

**8. 茶翅蝽**

（1）危害症状。主要危害果实，从幼果至成熟果实均可危害，果实被害后，呈凸凹不平的畸形果，果肉下陷并变空，木栓化，僵硬，失去食用价值。

（2）发生规律。每年1代。以成虫在村舍檐下、墙缝空隙内及石缝中越冬。4月下旬出蛰，5月上旬扩散到田间进行危害。6月上旬田间出现大量初孵若虫，小若虫先群集在卵壳周围成环状排列，2龄以后渐渐扩散到附近的果实上取食危害。田间的畸形果主要为若虫危害所致，新羽化的成虫继续危害直到果实采收。9月中旬以后成虫开始寻找场所越冬。茶翅蝽成虫有一定飞翔能力，但一旦进入桃园，在无惊扰的条件下，迁飞扩散并不活跃。一般早晨成虫不易飞翔。桃园中桃果的受害率有明显边行重于中央的趋势。

（3）防治方法。茶翅蝽的成虫具有飞翔能力，树上喷药对成虫的防效很差，主要采用农业防治方法。

①农业防治。

A. 越冬场所诱集。秋季在果园附近空房内，将纸箱、水泥纸袋等折叠后挂在墙上，能诱集大量成虫在其中越冬，翌年出蛰前收集消灭。或在秋冬傍晚于果园房前屋后、向阳面墙面捕杀茶翅蝽越冬成虫。

B. 越冬成虫出蛰后，根据其首先集中危害果园外围树木及边行的特点，于成虫产卵前早晚震树捕杀。结合其他管理措施，随时摘除卵块及捕杀初孵若虫。在产卵前和危害前进行果实套袋。

C. 成虫诱杀法。在桃园周围种一点红萝卜或香菜、芹菜、洋葱、大葱，开花时能释放出特殊香味，茶翅蝽就飞到花上，这时可用化学防治法将其集中杀死。

②物理防治。主要是腐尸浸出液忌避，方法是将人工搜集到的约400只茶翅蝽成虫死尸捣烂，再装入塑料袋内扎口，于阳光下曝晒，有臭味散发后，加入酒精或清水浸泡3小时，然后滤出浸出液，再加水100倍液左右喷洒。

③化学防治。在早晨用菊酯类农药进行防治。

**9. 绿盲蝽**

（1）危害症状。以成虫和若虫通过刺吸式口器吮吸桃幼嫩叶和果实汁液。被害幼叶最初出现细小黑坏死斑点，叶长大后形成无数孔洞。被害果实表面形成木栓化连片斑点。

（2）发生规律。绿盲蝽在河北地区1年发生4代以上，以卵在树皮下及附近浅层土壤中或杂草等越冬。5月上中旬桃树展叶期开始危害幼叶，在幼果发育初期危害果实，以后主要危害桃树嫩梢和嫩叶。一般不危害硬核期以后的果实和成熟的叶片。10月上旬产卵越冬。成虫飞行能力极强，稍受惊动，迅速爬迁。因其个体较小，体色与叶色相近，不容易被发现。绿盲蝽成虫多在夜晚或清晨取食危害，等发现时已造成严重危害，此时已错过喷药的最佳时机。

（3）防治方法。

①农业防治。秋冬季彻底清除桃园内外杂草及其他植物残体，刮除树干及枝杈处的粗皮，剪除树上的病残枝和枯枝并集中销毁，可以减少越冬卵量。主要天敌有寄生蜂、草蛉、捕食性蜘蛛等。

②化学防治。3月中旬在树干30～50厘米处缠黏虫胶，阻止绿盲蝽等害虫上树危害。萌芽前喷3～5波美度石硫合剂。桃树萌芽期结合其他害虫防治喷药。以后依各代发生情况进行防治。所选药剂应具内吸、熏蒸和触杀作用。可选5％锐劲特、2％阿维菌素3 000～4 000倍液、10％高效氯氰菊酯3 000～4 000倍液和2.5％高效氯氟氰菊酯乳油3 000～4 000倍液。

**10. 桃红颈天牛**

（1）危害症状。幼虫危害桃主干或主枝基部皮下的形成层和木质部浅层部分，在危害部位的蛀孔外有大堆虫粪。当树干形成层被钻蛀对环后，整株树可死亡。

（2）发生规律。2～3年发生1代，以幼虫在树干蛀道内越冬。成虫在6月间开始羽化，中午多静息在枝干上，交尾后产卵于树干、大枝基部的缝隙或锯口附近，卵经10天左右，孵化成幼虫，在皮下危害，以后逐渐深入韧皮部和木质部。桃树主干冻害后会加重红颈天牛的危害，这是因为红颈天牛喜欢在伤口处产卵，桃树冻害多在主干处，在冻害处形成伤口。另外，冻害后树体易腐烂，腐烂后产生一种特殊的酒糟气味，它吸引红颈天牛成虫前来产卵。

（3）防治方法。危害桃树果实和叶片的病虫害均不会导致整株树死亡，危害桃小枝的病虫害也不会使树死亡，只有危害桃树骨干枝尤其是主干的病虫害才可使桃树死亡。目前，危害骨干枝的有红颈天牛、桃绿吉丁虫和桃小蠹。但其中危害最重的为红颈天牛，在危害重的桃园中，如发现后不及时防治，3～5年便会出现大量死亡现象，导致桃园残缺不全，重者可达到毁园的地步。因此，红颈天牛是桃园最主要的毁灭性害虫，对其必须引起高度重视。

桃红颈天牛虽危害较大，但种群数量不多，可用以下方法防治。

①农业防治。成虫出现期，利用午间静息的习性，人工捕捉。特别在雨后晴天，成虫最多。4～9月，在发现有虫粪的地方，挖、熏、毒杀幼虫。

②物理防治。在果园内每隔30米，距地面1米左右挂1个装有糖醋液的罐头瓶，诱杀成虫。成虫产卵前，在主干基部涂白涂剂，防止成虫产卵。

③化学防治。产卵盛期至幼虫孵化期，在主干上喷施2.5%的高效氯氟氰菊酯2 000倍液，杀灭初孵幼虫。

**11. 桑白蚧**

（1）危害症状。桑白蚧以若虫和成虫刺吸寄主汁液，虫量特别大时，完全覆盖住树皮，甚至相互叠压在一起，形成凸凹不平的灰白色蜡质物。受害重的枝条，发育不良，严重者可整株死亡。

（2）发生规律。华北地区每年发生2代，以受精雌虫在枝干上越冬。4月下旬产卵，卵产于壳下。若虫孵出后，爬出母壳，在二至五年生枝上固定吸食，5～7天开始分泌蜡质。

（3）防治方法。

①农业防治。在果园初发现桑白蚧时，剪除虫枝烧毁。休

眠期用硬毛刷，刷掉枝条上的越冬雌虫，并剪除受害枝条，一同烧毁，之后喷石硫合剂。

②生物防治。主要有软蚧蚜小蜂、红点唇瓢虫、李斑唇瓢虫和日本方头甲等。

③化学防治。喷药时间为孵化高峰期，一般桃树花后20天为孵化高峰。洋槐树开花为物候期标志。可喷施35%蚧杀特乳油1 000倍液、40%杀扑磷乳油1 000～1 500倍液、25%噻嗪酮可湿性粉剂4 000倍液、机油乳剂200倍液、48%毒死蜱1 000倍液或52%氯氰·毒死蜱乳油1 200～1 500倍液。

### 12. 白星花金龟

（1）危害症状。成虫啃食成熟的果实，尤其喜食风味甜或酸甜的果实。幼虫为腐食性，一般不危害植物。

（2）发生规律。每年1代，以幼虫在土中越冬，5月上旬出现成虫，发生盛期为6～7月。成虫具有假死性和趋化性，飞行力强。多产卵于粪堆、腐草堆和鸡粪中。幼虫以腐草、粪肥为食。

（3）防治方法。

①农业防治。结合秸秆沤肥、翻粪和清除鸡粪，捡拾幼虫和蛹。利用成虫的假死性和趋化性，于清早或傍晚，在树下铺塑料布，摇动树体，捕杀成虫。

②物理防治。利用其趋光性，在夜晚（最好是漆黑无月），在地头、行间点火，使金龟子向火光集中，坠火而死。挂糖醋液瓶或烂果，诱集成虫，然后收集杀死。每瓶中放入3～5个白星花金龟作为引子，引诱白星花金龟，效果很好。但要注意瓶应选用小口瓶，时间在发生初期，高度以树冠外围距地1～1.5米为好。

### 13. 黑绒金龟

（1）危害症状。成虫在春末初夏温度高时，多于傍晚活动，下午 4 时后开始出土，主要危害桃树叶片及嫩芽，出土早者危害花蕾和正在开放的花。

（2）发生规律。每年发生 1 代，主要以成虫在土中越冬。翌年 4 月成虫出土，4 月下旬至 6 月中旬进入盛发期，5～7 月交配产卵。幼虫危害至 8 月中旬，9 月下旬老熟化蛹，羽化后不出土即越冬。

（3）防治方法。

①物理防治。刚定植的幼树，应进行塑料膜套袋，直到成虫危害期过后及时去掉套袋。

②化学防治。地面施药，控制潜土成虫，常用药剂有 5％辛硫磷颗粒剂，每亩 3 千克撒施。使用后及时浅耙，以防光解。

**14. 桃球坚介壳虫**

（1）危害症状。虫体固着于二年生及以上枝条上，初期虫体背面分泌出白色卷发状的蜡丝覆盖虫体，之后虫体背面形成一层白色蜡壳，形成"硬壳"后渐进入越冬状态。

（2）发生规律。每年发生 1 代，以 2 龄若虫在危害枝条原固着处越冬，越冬若虫多包于白色蜡堆里。翌年 3 月上中旬越冬若虫开始活动危害，4 月上旬虫体开始膨大，4 月中旬雌雄性分化。雌虫体迅速膨大，雄虫体外覆一层蜡质，并在蜡壳内化蛹。4 月下旬至 5 月上旬雄虫羽化与雌虫交尾，5 月上中旬雌虫产卵于母壳下面。5 月中旬至 6 月初卵孵化，若虫自母壳内爬出，多寄生于二年生枝条。固着后不久的若虫便自虫体背面分泌出白色卷发状的蜡丝覆盖虫体，6 月中旬后蜡丝经高温作用而溶成蜡堆将若虫包埋，至 9 月若虫体背面形成一层污白色蜡壳，进入越冬状态。桃球坚蚧的重要天敌是黑缘红瓢虫，雌成虫被取食后，体背一侧具有圆孔，只剩空壳。

（3）防治方法。桃球坚蚧身披蜡质，并有坚硬的介壳，必须抓住两个关键时期喷药，即越冬若虫活动期和卵孵化盛期喷药。

①农业和生物防治。在群体量不大或已错过防治适期，且受害又特别严重的情况下，在春季雌成虫产卵以前，采用人工刮除的方法防治，并注意保护利用黑缘红瓢虫等天敌。

②化学防治。

A. 铲除越冬若虫。早春芽萌动期，用石硫合剂均匀喷布枝干，也可用95％机油乳剂50倍混加5％高效氯氰菊酯乳油1 500倍液喷布枝干。

B. 孵化盛期喷药。6月上旬观察到卵进入孵化盛期时，全树喷布5％高效氯氰菊酯乳油2 000倍液或20％氰戊菊酯3 000倍液，或48％毒死蜱1 000倍液。

**15. 黑蝉**

（1）危害症状。雌虫将卵产于嫩梢中，呈月牙形。枝条被害后，很快枯萎，危害枝条和叶片随即枯死。

（2）发生规律。每4～5年完成1代，以卵和若虫分别在枝干和土中越冬。老龄若虫于6月从土中钻出，沿树干向上爬行，固定蜕皮，变为成虫，静息2～3小时开始爬行或飞行，寿命60～70天。雄虫善鸣。雌虫于7～8月产卵，选择嫩梢，将产卵器插入皮层内，呈月牙形，然后将卵产于其中。枝条被害后，很快枯萎，叶片随即变黄焦枯。当年产的卵在枯枝条内越冬，到翌年6月孵化，落地入土，吸食幼根汁液，秋末钻入土壤深处越冬。

（3）防治方法。主要采用农业防治措施。①剪除虫枝。结合修剪，或果树生长后期至落叶前，发现被害枝条及时剪掉烧毁。②人工捕捉。6月间老熟幼虫出土上树固定时，傍晚到树干上捕捉，效果很好。雨后出土数量最多，也可在桃树基部，围绕主干缠一圈宽约20厘米的塑料薄膜，以阻止若虫上树，便于人工捕捉。③堆火诱杀。夜间在果园空旷地，可堆柴点火，摇动果树，成虫即飞来投入火堆烧死。

### 16. 桃小蠹

（1）危害症状。幼虫多选择衰弱的枝干蛀入皮层，在韧皮部与木质部间蛀纵向母坑道，并产卵于母坑道两侧。孵化后的幼虫分别在母坑道两侧横向蛀子坑道，略呈"非"字形，随着虫体增长，坑道弯曲成混乱交错，加速枝干死亡。

（2）发生规律。每年发生1代，以幼虫于坑道内越冬。翌春老熟幼若虫于坑道端蛀圆筒形蛹室化蛹，羽化后咬圆形羽化孔爬出。6月间成虫出现，配对、产卵，秋后以幼虫在坑道端越冬。

（3）防治方法。主要采用农业防治措施。①加强综合管理。增强树体抗性，可以大大减少发生与危害。结合修剪彻底剪除有虫枝和衰弱枝，集中处理效果很好。②引诱产卵。成虫出树前，田间放置半枯死或整枝剪掉的树枝，诱集成虫产卵，产卵后集中处理。

### 17. 桃绿吉丁虫

（1）危害症状。幼虫孵化后由卵壳下直接蛀入，幼虫于枝干皮层内、韧皮部与木质部间蛀食，蛀道较短且宽，隧道弯曲不规则，粪便排于隧道中，在较幼嫩光滑的枝干上，被害处外表常显褐至黑色，后期常纵裂。在老枝干和皮厚粗糙的枝干上外表症状不明显，难以发现。被害株轻者树势衰弱，重者枝条甚至全株死亡。成虫可少量取食叶片，危害不明显。主干被蛀一圈便枯死。

（2）发生规律。每1～2年发生1代，至秋末少数老熟幼虫蛀入木质部，做船底形蛹室于内越冬，未老熟者便于蛀道内越冬。翌年桃树萌芽时开始活动危害。成虫白天活动，产卵于树干粗糙的皮缝和伤口处。幼虫孵化后，先在皮层蛀食，逐渐深入皮层下，围绕树干串食，常造成整枝或整株枯死。8月以后，蛀入木质部，秋后在隧道内越冬。

（3）防治方法。

①农业防治。清除枯死树，减少虫源。及时刮除粗皮，成虫产卵前，在树干涂白，阻止产卵。对于大的伤口，要用塑料布包裹起来，防止产卵。幼虫危害时期，树皮变黑，用刀将皮下的幼虫挖出，或者用刀在被害处顺树干纵划二三刀，阻止树体被虫环割，避免整株死亡，也可杀死其中幼虫。

②化学防治。可用 5% 高效氯氰菊酯 100 倍液刷干，毒杀幼虫。成虫发生期喷 5% 高效氯氰菊酯 2 000 倍液。

**18. 苹毛金龟子**

（1）危害症状。主要危害花器和叶片。据观察，苹毛金龟子多在树冠外围的果枝上危害，啃食花器时，有群居特性，多个聚于 1 个果枝上危害，有时达 10 多个。

（2）发生规律。每年发生 1 代，以成虫在土中越冬。翌年 3 月下旬开始出土活动，主要危害花蕾。在桃树上 4 月上中旬危害最重。产卵盛期为 4 月下旬至 5 月上旬，卵期 20 天，幼虫发生盛期为 5 月底至 6 月初，化蛹盛期为 8 月中下旬，羽化盛期为 9 月中旬。羽化后的成虫不出土，即在土中越冬。成虫具假死性，当平均气温达 20℃ 以上时，成虫在树上过夜，温度较低时潜入土中过夜。

（3）防治方法。此虫虫源来自多方，特别是荒地虫量最多，故果园中应以消灭成虫为主。

①农业防治。在成虫发生期，早晨或傍晚人工敲击树干，使成虫落在地上，此时由于温度较低，成虫不易飞，易于集中消灭。

②化学防治。主要是地面施药，控制潜土成虫。常用药剂 5% 辛硫磷颗粒剂，每亩 3 千克撒施。未腐熟的猪、鸡粪等在施入果园前须进行高温发酵处理，堆积腐熟时最好每立方米粪加 5～7.5 千克磷酸氢铵。

### 19. 蜗牛

(1) 危害症状。蜗牛取食时用舌面上的尖锐小齿舐食桃树叶片，个体稍大的蜗牛取食后叶面形成缺刻或孔洞，取食果实后形成凹坑状。蜗牛爬行时留下的痕迹主要是白色胶质和青色线状粪便，影响光合作用和桃果面光泽度。

(2) 发生规律。蜗牛成螺多在作物秸秆堆下面或冬季作物的土壤中越冬，幼螺亦可在冬季作物根部土壤中越冬。高温高湿季节繁殖很快。6～9月，蜗牛的活动最为旺盛，直至10月下旬开始减少。蜗牛喜欢在阴暗潮湿的环境里生活，有十分明显的昼伏夜出性（阴雨天例外），寻食、交配及产卵等活动一般都在夜间或阴雨天进行。蜗牛有明显的越冬和越夏习性，在越冬越夏期间，如果温湿度适宜，蜗牛可立即恢复取食活动，如冬季温室中或夏季降雨等蜗牛都能立即恢复其活动。

(3) 防治方法。

①农业防治。

A. 人工诱捕。人为堆置杂草、树叶、石块和菜叶等诱捕物，在晴朗的白天集中捕捉。或用草把捆扎在桃树的主干上，让蜗牛上树时进入草把，晚上取下草把烧掉。

B. 地下防治。结合土壤管理，在蜗牛产卵期或秋冬季节，翻耕土壤，使蜗牛卵粒暴露在太阳光下曝晒破裂，或被鸟类啄食，或深翻后埋于20～30厘米深土中，蜗牛无法出土，大大降低蜗牛的基数。将园内的乱石翻开或运出。

②化学防治。

A. 生石灰防治。晴天的傍晚在树盘下撒施生石灰，蜗牛晚上出来活动因接触石灰而死。

B. 毒饵诱杀。毒饵于晴天或阴天的傍晚投放在树盘和主干附近，或梯壁乱石堆中，蜗牛食后即中毒死亡。

C. 喷雾驱杀。早上8时前及下午6时后，用1%～5%食盐溶液、1%茶籽饼浸出液或氨水 700 倍液对树盘、树体等喷雾。

# 七、农药配制与正确使用

## （一）配制农药

配药人员必须具有一定的农药知识，熟悉农药性能，并能正确称量农药。配药前应认真阅读使用说明，了解用量、混配说明和需用喷药器械。开启农药包装、称量和配药时，应戴口罩、橡皮手套等，进行必要的保护。农药称量、配制应根据药剂性质和用量进行。易与水混合的高浓度制剂，量取后直接倒入喷雾器贮液罐中，然后分批加水。可湿性粉剂最好先与少量水预先混合成糊状，再将其倒入喷雾器贮液罐内，然后加水稀释至所需浓度。可直接使用的粉剂和颗粒剂打开包装后，用手撒或用喷粉器或撒播器施药。称量和配制粉剂和可湿性粉剂时要小心，否则，易造成粉尘飞扬，吸入体内。口袋开口处应尽量接近水面，操作者应站在上风处，让粉尘和飞扬物随风吹走。喷雾器不要装得太满，以免药液泄溢。一般不超过喷雾器贮液罐的 3/4。当天配好的药液当天用完，不要多配。配制农药，应远离住宅区、牲畜棚和水源的地方，孕妇、哺乳妇女和儿童不能参与配药。

请勿以手代勺，搅拌时切勿将手掌及手臂浸入药液中。

## （二）农药使用

**1. 严格遵照产品的使用说明**　注意农药浓度、适用条件（水的 pH、温度、光等）、适用防治对象、残效期及安全使用间隔期等。

**2. 保证农药喷施质量**　一般情况下，在清晨至上午 10 时前和下午 4 时后至傍晚用药，可在树体内保留较长的农药作用时间，对人和作物较为安全，而在气温较高的中午用药，则多易产生药害并出现人员中毒现象，且农药挥发速度快，杀病虫时间较短。还要做到喷药细致、周到和均匀，特别是叶片背面、果面等易受病、虫危害的部位。

**3. 适时用药** 结合病虫害预报，做到适期用药，这是提高防治效果和减少用药次数的最有效措施。了解病虫害的发生和危害规律是做到适期用药的先决条件之一。

在病害防治上，一定应加强"预防为主"的理念，而治病目的主要是防止病害再侵染，用药一定要在症状显现之前。烂果类病害如炭疽病能在果实内潜育很长时间，也就是说发病期和侵染期间隔较长的时间，用药的最佳时期是防治侵染。

蚜虫和叶螨类害虫的世代重叠严重，防治这类害虫的关键时期是在萌芽前到果实发育早期，这个时期害虫的世代重叠较轻，危害场所相对集中，易于防治。通过前期的用药，压低前期虫源基数，减轻后期用药压力，防治效果好，生产中损失少。而食心虫类害虫的防治应在成虫期和幼虫未蛀入果实和新梢之前。总之，应根据每一类病虫害发生和危害的特点，确定最佳的用药时期，以最少的用药次数和用药量，将病虫害控制在最小的危害水平。

**4. 严格执行安全用药标准** 无公害果品采收前 20 天停止用药，个别易分解的农药可在此期间慎用，但要保证国家残留量标准的实施。对喷施农药后的器械、空药瓶或剩余药液及作业防护用品要注意安全存放和处理，以防新的污染。

## （三）喷药操作

①身体虚弱、有病、年老者，怀孕期和哺乳期的妇女、未成年人，不要参与打药的工作。

②操作地点远离住宅、禽畜厩舍、菜园和饮水水源。

③打药应按规定操作，穿好长袖、长裤和长靴，戴帽子，乳胶手套和口罩，避免药液溅到身上或农药气体被人吸入。喷药时要站在上风头倒退着喷洒。

④操作过程中不抽烟，不吃东西，不喝水，不用污染的手擦脸和眼睛。

⑤操作之后要用肥皂洗澡，换衣服。污染的衣服要用5％的碱水浸泡1～2小时再洗净。剩下的少量药液和洗刷用具的污水要深埋到地下。

# 第八章
# 自然灾害与防御

# 一、冻　害

## （一）冻害概念及危害

桃树冻害是指 0℃ 以下低温对桃树的伤害。其受害部位通常发生在根颈、根系、树干皮部、枝条和花芽。果实和叶片有时也遭受冻害。桃树各器官受害的程度、表现症状与发生冻害的轻重、发生时期等有关。

**1. 树干冻害**　温度变化剧烈而温度低的冬季，树干易遭受冻害。树干受冻后有时形成纵裂，树皮常沿裂缝脱离木质部，严重时外卷。冻裂后随着气温升高一般可以愈合，严重冻伤时则会整株死亡。

冻裂的主要原因是温度变化剧烈，主干组织内外张力不均而引起。裂缝一般只限于皮部，以西北方向为多。冻裂部位多在分枝角度小的分叉处或有伤口的部位。

**2. 枝条冻害**　冬季各级枝条会出现不同程度的冻害。成熟枝条，各组织中以形成层最抗寒、皮层次之，而木质部、髓部最不抗寒。因此，轻微受冻时只表现髓部变色，中等冻害时木质部变色，严重冻害时才冻伤韧皮部，待形成层变色时则枝

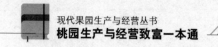

条失掉恢复能力。在生长期则以形成层抗寒力最差。

幼树生长停止较晚，枝条常不成熟，易加重冻害，尤以先端成熟不良部分更易受冻。轻微冻害时只表现髓部变色，较重冻害时枝条脱水干缩，严重冻害时自外向内各级枝条都可能冻死。枝条受冻常与抽条同时出现，以冻害为主时组织变色较为明显，而抽条主要表现枝条干缩。成年桃树以衰弱的结果枝和内膛小枝最易受冻。

**3. 多年生枝冻害**　受冻部分，最初微变色下陷，不易察觉，用刀挑开可发现皮部已变褐；以后逐渐干枯死亡，皮部裂开脱落。如形成层尚未受伤，可以逐渐恢复。多年生枝杈部分，特别是主枝的基角内部，由于进入休眠期较晚，位置荫蔽而狭窄，输导组织发育差，易遭受积雪冻害或一般冻害。受冻枝干易感染腐烂病、干腐病和流胶病。

**4. 花芽冻害**　花芽一般较叶芽和枝条抗寒力低，故其冻害发生的地理范围较大，受冻年份也较频繁。严重冻害时，花芽全部死亡，逐渐干枯脱落。较轻冻害时，常表现花原始体受冻而枝叶未死，春季花芽枯落，而枝叶尚能缓慢萌发。更轻的冻害，花内分化较完全的花冻死或冻伤畸形，而部分花尚能开花结果。花芽的轻度冻害常表现花器内部器官受冻，最易受冻的是雌蕊。调查资料表明，花芽越冬时分化程度越深、越完全，则抗寒力越低。

**5. 根颈冻害**　根颈是地上部进入休眠最晚而结束休眠最早的部位，抗寒力低。同时，根颈所处的部位接近地表，温度变化剧烈，所以最易受低温或温度剧烈变化的伤害。根颈受冻后，树皮先变色，以后干枯，可发生在局部，也可能成环状。根颈冻害对植株危害很大，常引起树势衰弱或整株死亡。

**6. 根系冻害**　桃树的根系较上部耐寒力差。根系无休眠期，所以形成层最易受冻，皮层次之，木质部抗寒力较强。根系受冻后变褐，皮部易与木质部分离。根系虽无休眠期，但越冬时活动力明显减弱，故耐寒力较生长期略强。一般粗根较细根耐寒力强，但近地面的粗根由于地温低，较下层根易于受冻。新定植的桃树和幼树根系小而浅，易受冻害，而大树相对较抗寒。

### （二）防止冻害的方法

**1. 选育抗寒品种** 这是防止冻害最根本而有效的途径，从根本上提高桃树的抗寒力。例如，中华寿桃和 21 世纪桃抗寒性较差，易发生树干、多年生枝及一年生枝冻害，较抗寒的品种有大久保等。

**2. 因地制宜适地适栽** 各地应严格选择当地主要发展品种。在气候条件较差、易受冻害的地区，可采取利用良好的小气候，适当集中的方法。新引进的品种必须先进行试栽，在产量和品质达到基本要求的前提下，再推广。

**3. 抗寒栽培** 利用抗寒力强的砧木进行高接建园，可以减轻桃树的冻害。矮化密植可以增强群体作用，减轻冻害。在幼树期，应采取有效措施，使枝条及时停长，加强越冬锻炼。合理负载，避免因结果过多，而使树势衰弱，降低抗冻能力。

在年周期管理中，应本着促进前期生长、控制后期生长、使树体和枝条充分成熟、积累养分、接受锻炼、及时进入休眠的原则，进行管理。

**4. 加强树体的越冬保护** 幼树整株培土，大树主干培土。其他如覆盖、设风障、包草、涂白等都有一定效果。

## 二、霜　　害

### （一）霜冻概念及危害

**1. 霜冻概念** 在桃树生长季由于急剧降温、水气凝结成

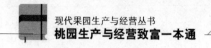

霜而使幼嫩部分受冻，称为霜冻。霜冻对桃树造成的损害，称为霜害。

**2. 霜冻危害** 早春萌芽时受霜冻，嫩芽或嫩枝变褐色，鳞片松散而不易脱落。花蕾期和花期受冻，由于雌蕊最不耐寒，霜冻轻时只有雌蕊和花托冻死，花朵照常开放，霜冻稍重时可将雄蕊冻死，霜冻严重时花瓣受冻变枯脱落。幼果受冻轻时，剖开果实可发现幼胚变褐，而果实还保持绿色，以后逐渐脱落；受冻严重时则整个果实变褐，很快脱落。有的幼果轻霜冻后还可继续发育，但生长变慢，成为畸形果，近萼端有时出现霜环。

由于霜害发生时的气温逆转现象，越近地面气温越低，所以桃树下部受害较上部重。湿度对霜冻有一定影响，湿度大可缓冲温度，故靠近大水面的地方或霜前灌水，都可减轻危害。

霜冻的程度还决定于温度变化大小、低温强度、持续时间和温度回升快慢等气象因素。温度变化越大，温度越低，持续时间越长，则受害越重。温度回升慢，受害轻的还可恢复，如温度骤然回升，则会加重受害。

## （二）防霜措施

根据果园霜冻发生原因和特点，增加或保持果园热量；促使上下层空气对流，避免冷空气积聚；推迟桃树物候期，增加对霜冻的抵抗力。经常发生霜冻的地区，应从建园地点和品种选择等方面着手，可采取以下措施。

**1. 延迟发芽，减轻霜冻程度** 延迟萌芽和开花可考虑以下途径。

（1）春季灌水。春季多次灌水能降低土温，延迟发芽。萌芽后至开花前灌水2～3次，一般可延迟开花2～3天。

（2）涂白。春季进行主干和主枝涂白可以减少对太阳热能的吸收，可延迟发芽和开花3～5天。早春（萌芽前）用7%～

10％石灰液喷布树冠，可使一般树花期延迟 3～5 天。在春季温度剧烈变化的地区，效果尤为显著。

**2. 改变果园霜冻发生时的小气候**

（1）加热法。加热防霜是现代防霜较先进而有效的方法。许多国家，如美国、苏联等利用加热器提高果园温度。在果园内每隔一定距离放置一加热器，当霜将要来临时点火加温，下层空气变暖而上升，而上层原来温度较高的空气下降，在果园周围形成一个暖气层。果园中设置加热器以数量多而每个加热器释放热量小为原则，可以达到既保护桃树，又减少浪费。加热法适用于大果园，若果园太小，往往微风可将暖气吹走。

（2）风吹法。霜害是在空气静止的情况下发生的，如利用大型吹风机增强空气流通，将冷气吹散，可以起到防霜效果。欧美一些国家利用此方法，隔一定距离设一旋风机，在即将霜冻前开动，可收到一定效果。

（3）人工降雨、喷水或根外追肥。利用人工降雨设备或喷灌等喷雾设备向桃树体上喷水，水遇冷凝结时可放出潜热，并可增加湿度，减轻冻害。根外追肥能增加细胞浓度，效果更好。

（4）熏烟法。在最低温度不低于－2℃的情况下，可在果园内熏烟。熏烟能减少土壤热量的辐射散发，同时烟粒吸收湿气，使水气凝成液体而放出热量，提高气温。常用的熏烟方法是用易燃的干草、刨花、秸秆等与潮湿的落叶、锯屑等分层交互堆起，外面覆一层土，中间插上木棒，以利于点火和出烟。烟堆大小一般不高于 1.0 米。根据当地气象预报有霜冻危险的夜晚，在温度降至 5℃时即可点火发烟。

防霜烟雾剂防霜效果很好，配方为：硝酸铵 20％、锯末 70％、废柴油 10％。将硝酸铵研碎，锯末烘干过筛。锯末越碎，发烟越浓，持续时间越长。平时将原料分开放，在霜冻来临时，按比例混合，放入铁筒或纸壳筒，根据风向放置，待降霜前点燃，可提高温度 1～1.5℃，烟幕可维持 1 小时左右。

**3. 加强综合栽培管理技术，增强树势，提高抗霜能力**

合理修剪，通风透光，枝条充实，花芽饱满。增施有机肥，减少化肥尤其是氮肥的施用。还要合理负载，加强病虫害防控。

### （三）霜冻发生后的补救措施

霜冻如已造成灾害，更应采取积极措施，加强管理，争取产量和树势的恢复。对晚开的花应人工授粉，提高坐果率，以保证当年有一定产量。与此同时，应促进当年的花芽分化，为翌年的丰产打下基础。幼嫩枝叶受冻后，仍会有新枝和新叶长出，采取措施使之健壮生长，恢复树势。

# 三、日　烧

### （一）日烧概念

桃树的枝、叶、果实直接暴露在阳光下，在阳光的直射下组织坏死即为日烧危害。依其部位不同，又可分为枝干日烧、果实日烧和叶片日烧。在石家庄地区，尤其是 2～3 月，桃树的枝、干在夜间气温下降，组织冻结，白天气温急剧升高，下午2时的气温达 8～10℃时，桃树的枝、干也容易发生日烧危害，有时把这种现象当作冻害对待，这种日烧称为组织冻结性日烧。桃树最容易发生日烧，尤其是树体生理状况不好的桃树，如土壤瘠薄、树体管理不善、冬季修剪时大枝重截的残桩部位。

### （二）影响日烧发生的因素

**1. 土壤**　土壤干旱和沙土地保水不良的土壤容易发生日烧，而壤土、黏壤土和黏土发生日烧较少，黏土几乎不发生日烧。地下水位高、根系浅的桃园也易发生日烧。

**2. 树形及枝的方向和角度**　有调查表明，杯状形整枝日烧发病率低，而开心形整枝日烧发生率高。日烧发生的时间是在下午，枝条的向阳面易发生日烧。直径 5 厘米的大枝比细枝容易发生日烧。

**3. 树龄与树势** 树龄越大，发生日烧的概率越高，尤其是在负载量过大、树势衰弱的情况下，日烧发生的概率升高。但在土壤瘠薄、树体管理不良的桃园和初结果期的桃树仍可发生日烧。

生长季发生日烧主要在 6 月，因为我国北方 4～6 月仍然处于干燥少雨的季节，此时桃树的枝叶对枝条的覆盖还不完全，易发生枝干日烧。在 7～8 月，正值果实成熟时，如果修剪过重，果实大面积接受阳光直射，极易发生果实日烧。

### （三）防止日烧措施

**1. 合理夏季修剪** 桃树整形修剪与日烧病发生有关系，对发生在生长季的日烧病可以用夏季修剪来解决，如在干燥缺雨的 6 月，夏季修剪时可以多留新梢，增加遮光，减少阳光直射，降低树体温度。在果实着色期，夏季修剪不宜过重。

**2. 增强树势，加强土壤管理** 如增施有机肥料，沙土地还可以覆盖树盘，使树体组织充实，提高抗日烧的能力。

**3. 树干涂白** 入冬时把树干老皮刮去，涂上石灰水，以增加树干对日光反射的能力，可以涂在树干的分杈以下，细枝不可涂白，以免枝条干枯死亡。

**4. 果实套袋** 果实套袋可以防止虫害蛀果，提高果实品质，还可以降低果温，防止日烧。

## 四、雹 灾

### （一）雹灾的危害

我国各地偶有冰雹发生，而尤以北方为重，山区、平原都有发生，有的地区为周期性发生。我国北方的山区与半山区，在6～7月，容易发生冰雹袭击桃树，几乎每年都发生。这个时期，早熟品种开始成熟，中晚熟品种还处在幼果期，冰雹袭击轻则伤害叶片和新梢，幼果果面也出现冰雹击伤的痕迹，如果冰雹个大且密，就会砸掉叶片，砸断枝条，打烂树皮、幼果，严重者绝收，即使是轻伤，果实能够生长发育到成熟，生成后的果实，外观也会伤痕累累，严重影响其经济价值。

## （二）雹灾的防治措施

**1. 预防措施**　消除雹灾的根本途径在于大面积绿化造林，改造小气候。在建园时，要注意选择地点，避开经常发生和周期性发生冰雹的地区。近年来，我国人工消雹工作取得成绩，利用火箭炮等消雹工具，可化雹为雨，从而减轻了危害。

**2. 抢救措施**　主要是指雹灾后，采取一些积极措施，把损失降到最低点。对轻微雹灾，可加强肥水管理，如地下追肥和叶面喷肥，及早恢复树势，尽量争取当年产量，并为翌年增产打好基础。

雹灾较重或严重者，可及早剪除折断的枝条，摘除严重受伤的果实。对枝条部分或大部分脱皮者，可用桐油、松香合剂涂抹。桐油、松香合剂配制方法：桐油1.2份、松香1份、酒精0.05份，先将桐油注入锅内煮沸，再加入松香，其间不断搅拌，开锅后10分钟松香溶后再加入酒精搅匀即可，出锅后装瓶备用。使用时，用小毛刷蘸取少许合剂涂抹脱皮部位，涂抹一定要均匀，不脱皮处不要涂。

另外，受雹灾后的桃树要注意晚秋摘心（9月下旬）或落叶前（10月下旬）喷0.5%的磷酸二氢钾，或5%的草木灰浸提液，提高晚秋叶片光合性能，促使枝条充实，防止冬春季节抽条。修剪时期尽量推迟，可在春节以后芽萌动前修剪。

# 五、风 害

## （一）风害的危害

**1. 影响树体和树形** 如果风向一边刮，当栽植幼树整形时，有的主枝就偏向一侧，很难整形，而且树形也不整齐，形成偏冠树。风也影响到树体组织内部，由于风的压力，树干的迎风面年轮小而密，背风面年轮粗而宽。

**2. 降低桃树的光合作用强度** 北方的风常常伴随干旱，如冬季大风，春季6月之前的旱风，都会给桃树生长发育带来影响。旱风加强蒸腾作用，耗水分过多，根系的运输供不应求，叶片气孔关闭，光合作用强度降低。根据内鸠等（1967）对大田作物进行观察，中午植物的光合作用最旺盛，其原因是叶片周围二氧化碳浓度较高，但当二氧化碳浓度降低到250毫克/千克时，则光合作用受到影响。所以，风能使桃树供水不足，降低叶片周围二氧化碳浓度，从而导致光合作用降低。

**3. 影响桃树生长量** 据调查，由于风的摇摆，使树液流动受阻，营养物质运输不畅，根系的生长受到抑制，从而也降低桃树的生长量，所以，有风地区的小树比无风地区的小树其生长量低25％，而且干周直径也少。

另外，北方冬春季节的大风常加剧水分的散失，造成桃树越冬抽条死亡。春夏季节的旱风，会吹焦新梢、嫩叶；吹干柱头，影响授粉受精；加重早期落叶，甚至会吹断枝条或将大枝劈裂。秋季大风引起采前落果严重，影响果品产量和质量。

沙滩地果园最易引起风害，一遇大风常飞沙走石，使树根外露或埋没树干，影响幼树成活和树体生长发育。花期风沙会使花朵内灌满沙子，影响受精坐果。

## （二）防治风害的措施

**1. 建园地点的选择**　建园时应避免选择山顶、风口和风道等易遭风害的地点，并要合理安排果园的小区面积、栽植方式和密度。

**2. 营造防护林是预防和减轻风害的根本途径**　沙地果园应按防风固沙林的要求造林，山地果园按水土保持林的要求造林。新建果园时，应尽量先造林后栽桃树，使防护林及时发挥作用。在风较大的地区，主林带行数和密度要增大，林带网格要小。

**3. 加强果园管理及临时防风措施**　采用低干矮冠整形或篱壁整形，对浅根性桃树和高接换头桃树，可设立支柱，苗圃可临时加风障。对结果量大的树要及时进行顶枝和吊枝，采前进行树下覆盖或松土。

**4. 风害后的措施**　已经遭受风害桃树应及时护理，将被吹倒或歪斜的植株扶正，折断的根加以修剪后填土压实，对劈裂的大枝可根据情况及时锯除或绑缚吊起。

# 第九章
# 城郊桃树观光果园设计与管理

## 一、城郊果业经济及城市居民消费的特点

### （一）城郊果业经济的特点

城郊果业是以城市的郊区及工矿周围地区的果业为中心的果业经济。它是城市经济的组成部分，并与城市经济相互依存和渗透，形成了一个不可分割的统一体。其主要特点如下。

①城郊果业生产的专业化、商品化程度普遍高于一般果产区，其商品经济比重较大。

②郊区依靠城市的工业、科技力量、发达的交通运输条件等，具有实现果业现代化和农村工业化的优势。

③城郊果业经济结构具有特殊性，是一种城市与郊区相互依存、以城市需要为主导、以郊区供应为基础的特殊的区域性经济，与第二、三产业有紧密的联系。

### （二）城市居民消费的特点

①食品消费由低档到高档。由于农药和化肥的大量施用，已严重威胁到人们的身心健康。人们开始向往天然的无公害的食品。

②现代社会，由于都市人口密度的增加，生存空间及绿地减少，噪音、空气等污染长期压抑居民，使得人们对乡间田野式生活的向往与日俱增。

③消费结构改变。现代社会，由于个人收入及生活水平的提高，使得人们的消费结构发生了变化，人们用于休闲娱乐的费用大大提高，旅游等活动不断增加。

④人们收入的提高和旅游阅历的丰富，对旅游的形式，要求更个性化，多样化，对旅游业文化内涵要求更迫切。

⑤城市学生渴望了解一些农业科普知识。

# 二、发展城郊桃树观光果园的意义

## （一）美化生活，增加休闲空间

观光旅游可以陶冶情操，消除现代人工作上的疲劳，缓解快节奏生活的压力，又能寓教于乐，观赏自然景色，极大地丰富现代人的精神生活。

## （二）发挥果树的新功能

要深度挖掘和开发果树资源，发挥果树的新功能。中国是果树资源大国，可以从果树的绿化、观花、赏叶、食果等方面，对果树种质资源进行多方位、多层次的开发利用。

## （三）保护生态环境和人文环境

观光果园可以增加造林面积，绿化荒山、荒地和滩涂，增加氧气，调节区域气候，并避免水土流失，抗御自然灾害等；又可以增添旅游业的文化与生态气息，促进旅游业发展，带动相关产业的兴起及地区经济的发展。

# 三、城郊观光果园的类型

观光果园是果园与公园的有机结合，既有别于传统果园的特点，又有别于现代公园的固定模式。它使传统果园生产得以升华，又将现代公园的内容淳朴化，回归于自然。它的出现是经济发展与人类旅游休闲品位拓展的结果。因此，观光果园的成功发展，直接受到地区经济发达程度、交通条件、人的消费观念等因素的影响。从实际发展需要角度考虑，观光果园可划分为以下几个类型。

## （一）都市观光果园

都市观光果园处于经济发达或较发达的城市近郊。因为土地资源极为紧张，力求发展精品的小规模观光果园，便于市民在假日就近休闲娱乐。但总体要求有别于市区公园，使其在市区公园休闲娱乐的基础上，突出果园的特色，增加果树造景、布景范围和早、中、晚熟品种搭配，做到园中四季硕果累累，花香四溢，显示出浓厚的田园气息，以满足城市人追求新、奇、特、异的心理愿望和体验亲手采摘果实的真实感受，引起他们游览观光的兴趣。

## （二）旅游观光果园

旅游观光果园处于自然风景区、旅游景点内或附近，具有吸引游人的优势。游人在游玩之后能品尝到具有地方特色的新鲜果品，欣赏到美丽的果园生态景观，既得到休息，又为旅游业增添了一处亮丽的景点。这类观光果园依托自然风景区或旅游景点，以当地特色果树资源观赏为主，休闲为辅，大力发展果园采摘。利用现代园艺科学技术，改善传统果树生产状况，让观光旅游者在风景区游览的同时，又能享受到异地果园生产、果园风光、果园生态赋予的乐趣。

### （三）休闲观光果园

休闲观光果园处于远离大都市的城镇或近郊。这些地方的果园面积较大，可利用现有的果园加以改造，融入公园的特色与功能，开辟公园化的果园，使其与经济改革中农村小城镇化建设的绿地规划相协调。在果园中重新规划布局，种花植草，增加观赏类果树的比例，并结合果树整形修剪，使其景色更加丰富多彩，果实更加丰硕亮丽，更具观赏价值。还可修建休闲、娱乐、观赏、游览设施，让果园走向公园化，以便更好地满足现代城镇人的休闲需求。

# 四、城郊观光果园的规划

典型城郊观光果园的规划，主要包括分区规划，交通道路规划，栽培植被规划，绿化规划，商业服务规划，给、排水和供配电及通讯设施等规划。因各地城郊观光果园差异较大，故其规划也各有差异。比如对于农业旅游度假区之类果园，规划时还要考虑旅游接待规划等内容。对于依托于特殊地带或植被的果园，其规划还要有保护区规划等内容。

### （一）城郊观光桃园的规划原则

**1. 总体规划与资源（包括人文资源与自然资源）利用相结合** 因地制宜，充分发挥当地的区域优势，尽量展示当地独特的果业景观。

**2. 当前效益与长远效益相结合** 用可持续发展理论和生态经济理论指导经营，提高经济效益。

**3. 创造观赏价值与追求经济效益相结合** 在提高经济效益的同时，注意园区环境的建设应以体现田园景观的自然、朴素为主。

**4. 综合开发与特色项目相结合** 在开发农业旅游资源的同时，既突出特色，又注重整体的协调。

**5. 生态优先，以植物造景为主** 根据生态学原理，充分利用绿色对环境的调节功能。模拟所在区域自然植被的群落结构，打破果业植物群落的单一性。运用多种造景，体现桃树的多样性。结合中外艺术构图原则，创造一个体现人与自然双重美的环境。

**6. 尊重自然，体现以人为本** 在充分考虑园区适宜开发度和负载能力的情况下，把人的行为心理和环境心理的需要，落实于规划建设中，寻求人与自然的和谐共处。

**7. 展示乡土气息与营造时代气息相结合，历史传统与时代创新相结合，满足游人的多层次需求** 注重对传统民间风俗活动与有时代特色的项目，特别是与桃产业地方特色相关的旅游活动项目的开发及乡村环境的展示。

**8. 强调对游客"参与性"活动项目的开发建设** 游人在果业观光中是"看"与"被看"的主体。观光果园的最大特色是，通过游人主体的劳动（活动）来体验和感受劳动的艰辛与快乐，使之成为园区独特的一景。

## （二）城郊观光桃园的规划内容

观光桃园是一种新发展的果树种植园。它属于果园，但又不同于一般的果园。其栽培管理方式不同于传统的种植管理方式，也没有固定的模式可供参照。因此应根据多年的实践经验，结合桃树的生物学特性与公园的一般模式，积极实践，大胆创新，把观光果园规划好，管理好，经营好。

**1. 观光桃园的位置选择** 要根据不同类型观光桃园的特点，科学地选择园地。

（1）观光桃园应邻近大城市。其园址应选在城市化程度高、交通发达、通讯便利的城市近郊，或适于发展的城镇。

（2）观光桃园应依托当地风景区、名胜古迹、文化场所、疗养地、度假村等，发展富有特色的观光桃园，使之既增加休闲观光的内容，又提高桃园的观赏价值和经济效益。

（3）桃园位置周围环境好，气候条件、土壤肥力、地下水位、地理位置等，适宜桃树生长，不能经常有灾害性天气发生。

在选择园址的同时，除调查建园的可行性、消费层次和消费群体外，还应研究与旅游观光有关的硬件（如高尔夫球场、网球酒店、果品店、游乐设施、生产设备、观光车等）与软件（导游、服务、环卫等）设施配套的信息，供管理者考虑投资的方向和额度，制订短期、中期、长期经营目标时参考。另外，由于观光桃园所处地理位置、人文环境、风景特色、交通通讯、餐饮食宿等因素，直接影响观光桃园的发展，因此应不断完善这些条件，逐渐吸引不同层次的消费群体和观光旅游者。

**2. 不同功能区的划分**　目前，各类观光园的设计创意与表现力不尽相同，而功能分区则大体类似，即遵循果业的 3 种内在功能联系，进行分区规划。

（1）提供乡村景观。利用自然或人工营造的乡村环境空间，向游人提供逗留的场所。其规模分 3 种：大规模的田园风景观光、中等规模的果业主题公园和小规模的乡村休闲度假地。

（2）提供园区景观。如凉亭、假山、鱼池等，这些要与桃树配置交相辉映。人们在重返大自然追求真实、朴素的自然美的同时，还可以观赏美景、休闲养生、品尝佳果，自我陶醉。

（3）桃文化与科普展示区。主要是桃树生物学特性、生产过程、品种培育过程照片及有关桃的诗、词，著名桃画，桃传说等。

（4）提供生活体验场所。具有乡村生活形式的娱乐活动场所，活动种类为：乡村传统庆典和文娱活动，桃树种植、养护活动，乡村会员制俱乐部。

（5）提供产销与生活服务。这主要是提供果品生产、交易的场所和乡村食宿服务。

桃业观光园的功能分区是突出主体，协调各分区。注意动态游览与静态观赏相结合，保护果业环境。

典型的果业观光园，其空间布局应围绕自然风光展开，形成"三区结构式"：核心为严格保护的生产区，限制或禁止游人进入；中心区为观光娱乐区，把生产与参观、采摘、野营等活动结合在一起，适当地设立服务设施；外围是商业服务区，为游人提供各种旅游服务，如交通、餐饮、购物、娱乐等。

典型果业观光园的分区和布局，主要包括五大分区：生产区、示范区、销售区、观赏区和休闲区。

果业观光园布局的三区结构模式是：外围服务区、果业观光娱乐区、核心生产区。

**3. 交通道路规划** 交通道路规划，包括对外交通、入内交通和内部交通及其附属用地等方面。

（1）对外交通。对外交通是指由其他地区向园区主要入口处集中的外部交通设施，通常包括公路、桥梁的建造、汽车站点的设置等。

（2）入内交通。入内交通是指园区主要入口处向园区的接待中心集中的交通道路及交通形式等，如浙江萧山的山里人家就把入内交通设为马车之旅。

（3）内部交通。内部交通主要包括车行道和步行道等。园区的内部交通，一般可根据其宽度及其在园区中的导游作用分为以下3种道路。

①主要道路。主要道路以连接园区中主要区域及景点，在平面上构成园路系统的骨架。在园路规划时应尽量避免让游客

走回头路，路面宽度为 4～7 米，道路纵坡一般要小于 8%。

②次要道路。次要道路要伸进各景区，路面宽度为 2～4 米，地形起伏较主要道路大些，坡度大时可作平台、踏步等处理形式。

③游憩道路。游憩道路为各景区内的游玩、散步小路。它布置比较自由，形式多样，对于丰富园区内的景观起着很大作用。果园道路要有曲折、有亮点、有"曲径通幽"之感，分为直线形、折线形和几何曲线形。园中的主道和支道是将大桃园、精品桃园、奇特景观等有机地融为一体的纽带，通过它体现出整个观光桃园的精神和品位。

**4. 桃树栽植规划**　桃树栽植规划是桃树观光园区内的主要规划。

（1）生态果区。生态果区包括珍稀物种生活环境及其保护区、水土保持和水源涵养林区。

（2）观赏与采摘区。观赏与采摘区一般位于主游线、主景点附近，处于游览视域范围内，要求桃树形态、色彩或质感，有特殊观赏效果。观光突出观赏效果，宜看、宜照相。突出空间造型、总体造型、分体造型和个体造型。远看、近看、高看、低看均可成一定的景观或造型。树、花、果均可观赏，给人以美的享受。

①适宜的品种。以桃树为主，辅以杏、李、樱桃及具有观赏价值的梨、苹果等。品种要有特色。主要特点观光时间长。每个品种的果实在树上挂的时间要长、果形有特色、品质好、果个大或小。要突出桃的多样性，包括成熟期、果实形状和风味、花色、树姿等。

成熟期：露地成熟期从 5 月 20 日至 10 月 10 日，这一段时间内树上均有桃果实。

果实的多样性：果形为普通桃、油桃、蟠桃、油蟠桃等；果肉从白肉、黄肉、红肉、绿肉到紫肉；果实硬度从极易软的，到硬度特别大；风味从甜的到酸的。

花期、花型的多样性：花期 5～20 天。有大花型和小花型。有单花瓣和重花瓣。桃花颜色有很多，主要有白、粉、红、紫及混合色等。

树姿：开张、直立、下垂。

②树形模式。

A. 不同高、低层次。利用不同类型桃树极矮化砧、矮化砧和乔化砧建立层次明晰的立体式果园。有树体极高的树，也有草地桃园。

B. 一树多树种。如在桃树上嫁接杏、李等，让其在一树上开 3 个或 3 个以上树种的花，结 3 个或 3 个以上树种的果实，也即一株树上，既开桃花，又开杏、李花，既结桃子，又结杏和李子。

C. 一树多品种。一株桃树上或杏树上，从早熟到晚熟可结 5 个以上品种的果。

D. 造型与果树文化。我国果树文化极其丰厚。有很多与果树有关的传说、成语、典故等，可以将此与观光和采摘有机结合起来，如桃园结义、桃李争艳、桃李满天下等。

E. 艺术果品。贴字或画。主要是吉祥如意的字或画，也可是儿童卡通画、十二生肖画或字等。

果实变形。通过一定的模子，改变果实原有的形状，使之变成人们需要的形状，如方形、圆形等。

F. 栽植造型。在栽植时，可按事先设计的形状进行。

在观光区，树上要挂牌，说明树种、品种、来源、造型内涵等。

（3）生产果区。生产果区是果业观光园的核心部分，以生产为主，限制或禁止游人入内。一般在规划中，生产果区处在游览视觉阴影区，属于地形缓、没有潜在生态问题的区域。

# 五、观光桃园的管理

果园管理要规范化、标准化、科技化，实现科技示范和科普教育的功能。

**1. 栽植标准化**　栽植要标准，美观。

**2. 果实管理**　有套袋或不套袋。注重生产艺术果品，艺术果品上带有美丽动人的图案或喜庆吉祥的文字。

**3. 病虫害防治**　加强病虫害防治，以生物防治为主。

**4. 土壤管理**　采用生草法。

# 第十章
# 综合生产技术

## 一、提高桃果实品质的技术措施

**1. 选择适宜品种** 根据当地的气候条件、市场需求及交通运输条件等选择适宜种植的品种，充分发挥品种的优良特性。

**2. 合理负载** 根据品种特性、树体状况及管理水平，及时疏花、疏果，使树体合理负载，不仅可以增大果实，提高商品果率，而且有利于丰产、稳产。北方桃产区一般产量较高，要把过高的产量降下来，在有机质还不是很高的情况下，一般产量为2 000~2 500千克/亩。南方桃果实内在品质较高，与产量低有很大的关系。

**3. 增施有机肥** 有机肥含有较多的有机质和腐殖质，养分全面，可以改善土壤理化性状、活化土壤养分、促进土壤微生物的活动，有利于作物的吸收与生长，配合磷、钾肥的使用，可以提高果实可溶性固形物含量，增加果实糖度。

**4. 通风透光** 选择合理的栽植密度，采用适宜的树形与整形修剪方式，及时疏除内膛旺长枝条，保持中庸树势和良好的通风透光条件，有利于果实的着色和品质的提高。

**5. 生草栽培与铺反光膜** 桃园行间种植绿肥生草，并适时刈割覆于树盘行间，腐烂后翻入土中，可以增加土壤有机质含量，而且可以改善桃园的微生态环境。铺设反光膜，可以增加树冠下部果实的光照，有利于光合作用和果实着色。

**6. 适度控水**　在果实第二次迅速生产前期，也即果实采收前15～20天浇水，之后及整个采收期不要再浇水。

## 二、增大桃果个方法

大型果商品价值高，得到消费者、生产者青睐，但增大果个要与提高品质相结合，不要过度地追求果个大小，要在提高桃果实内在品质的基础上生产大型果。

**1. 选用大果型品种**　不同品种的果实大小不同，普通桃中果个较大的品种有深州蜜桃、美博、仓方早生等，油桃中果个较大的品种有中农金硕，蟠桃中果个较大的品种有黄金蜜蟠桃和玉霞蟠桃等。

**2. 疏花疏果**　疏花疏果是提高桃果实大小的最有效的方法。

**3. 科学施肥**　有机肥与氮、磷、钾肥配合施用。有机肥施用足够量时，不施化肥也可生产大果型果实。

**4. 合理浇水**　适度浇水可以在不降低内在品质和产量的基础上，增加单果重。但不要在采收期大量浇水。

## 三、推进优质优价措施

目前，优质不优价是指内在品质优良，但市场价格不高的现象。外观品质好的果品价格还是较高。内在品质是通过品尝来实现的，不像外观品质那样明显，可以通过感官来进行判断。难于通过外观品质来推断内在品质的优劣，两者没有直接的相关性。也就是说外观品质好的内在品质不一定也好；反之，内在品质好的，外观品质也不一定就好。

**1. 品牌运作** 首先确定公司的定位是以生产内在品质高的果实为目的，采取统一栽培管理，统一销售。增施有机肥，适度降低产量，合理修剪，树冠通风透光。

**2. 改变人们的消费观念** 果实是用来吃的，不是用来观赏的，仅有好看的外表，而没有优良的内在品质不是优质果实，也不应作为精品果。在一定范围内，内在品质与果个大小有一定的正相关，超过一定程度后，随着果个的增大，果实内在品质反而下降。

## 四、增加桃树树体贮藏营养的主要技术

**1. 防止贪青旺长** 桃树秋季贪青旺长，新梢枝叶会消耗大量营养物质，不利于养分的回流贮藏，枝条发育不充实，树体贮备水平低。防止桃树贪青旺长的措施：①夏末秋初控制肥水，注意减少氮肥用量，增施磷、钾肥。②结合修剪对旺梢多次摘心，使其及时停长。③幼龄果园不间作白菜、萝卜等晚秋蔬菜。

**2. 早施基肥** 9～10 月，根系即进入生长活动高峰，此期早施基肥，气温较高，断根易愈合，并促发新根，肥料有充足的时间腐熟和分解，利于根系吸收。基肥以有机肥为主，配合施用速效氮素化肥和适量磷钾肥。

**3. 秋季修剪** 果实采收后，光合产物开始由上部运向树干和根部。进行秋季修剪，剪去过多的幼嫩新梢，可以减少养分无效消耗，改善通风透光条件，提高内膛叶片光合功能，利于花芽充实饱满和养分回流贮藏。修剪的方法：对角度较小的枝条进行拉枝开角或摘心，改变其生长极性，使其早停长。疏除内膛徒长枝和枝组先端旺枝。回缩内膛和下垂的细弱枝，依空间大小，对多年生大、中型枝组和辅养枝进行回缩改造。

**4. 保叶养叶**  采果后及时防治病虫，喷药与叶面喷肥结合进行。保护叶片不受病虫危害，防止叶片早期脱落，尽可能延长光合作用时间，提高叶片光合效率，增加树体营养积累。

**5. 控制负载量**  结果过多，会过度消耗树体养分，不利于贮藏营养积累。应严格进行疏花疏果，控制负载量。

# 五、桃树树势的调控

## （一）生长过旺桃树

桃树生长过旺不结果多数发生在无花粉品种上，由于生长过旺，所以徒长性果枝多，坐果率低。针对此问题，应采取以下措施。

**1. 修剪**  冬剪时要轻剪，少短截，或不短截，只疏除背上直立枝和过密枝，使之通风透光，提高花芽质量，其余结果枝保留。夏剪时及时拉枝、摘心和疏除过密枝及旺长枝。

**2. 肥水**  不施氮肥，也不施有机肥，等到结果后再施肥。少浇水，适度干旱。

**3. 保果**  有果即保，对于无花粉品种，要进行人工授粉，尽量多留果。

## （二）保持树势的中庸状态

中庸树势是与过旺和过弱树势相比而言的，是介于两者之间的一种较为理想的树势。中庸树势的营养生长与生殖生长比较协调，适宜的结果枝较多，长、中、短果枝的比例较为合适，没有或极少有徒长枝，桃树在结出优质果的同时，还可长出用于翌年结果的枝条。树冠内光照好，叶片光合作用旺盛，花芽饱满，不但当年果实个较大，品质较好，也有利于翌年产量的形成和品质的提高。

让树体始终处于中庸状态，是我们追求的目标。对于中庸树在修剪、施肥、留果量上要注意要适量，避免树势过旺或过弱，应注意以下几点。

**1. 修剪**　修剪要做到轻重结合，避免修剪过重，导致树势转旺，也要避免修剪过轻，结果过多，导致树势变弱。要重视夏季修剪。

**2. 负载量**　留果量要适宜，按树体的大小、年龄等进行留果，一般留果量在 2 000～2 500 千克/亩。

**3. 施肥**　要多施有机肥，少施化肥。

**4. 病虫害防治**　及时防治病虫害，保证防治好枝干、叶片和果实上各种病虫害。

## （三）树势转弱复壮技术

中庸树势转弱的主要原因是负载量过大，转弱树易发生黄叶病，应注意以下几点。

**1. 修剪**　第一是疏枝，要疏去弱枝和下垂枝，保留较壮、朝斜上方的较粗的长果枝。第二是短截，增加长果枝、中果枝的短截数量和短截程度，应进行较重的短截，剪口芽要饱满，留上芽，这样可以促进营养生长，使树势变壮。

**2. 留果量**　由于坐果过多，已经导致树体变弱了，这时一定要减少留果量，甚至不留果，以保证生长出较为健壮的结果枝，增加长果枝的比例，使树势得到充分恢复。

**3. 施肥**　①增施有机肥，有机肥一方面改良土壤，提高土壤通透性，促进根系发育，从而促进地上部的生长，使树势强壮，另一方面也能提供更为全面的营养，如氮、磷、钾及各种微量元素等，提高果实品质。施肥量为 4 000～5 000 千克/亩。②增施氮肥。氮肥的施入量也要适宜，不可过多，以免造成树势过旺。一般在春季萌芽和新梢生长前期施入氮肥 20～50 千克/亩。

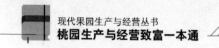

**4. 病虫害防治**　在病虫害防治上，主要做好全年的病虫害防治，以保证叶片、枝条和果实的正常生长。

# 六、提高桃树经济寿命

（1）防治病虫害，尤其是蛀干害虫，如红颈天牛、桃绿吉丁虫和桃小蠹等。

（2）适宜密度。不宜过大，一般情况下，栽植密度与寿命成反比，密度越大，寿命越短。

（3）多施有机肥，改善土壤理化性状，促进根深叶茂。

（4）科学修剪，防止结果部位外移，尽量减少锯大枝次数，避免造成大伤口。

（5）减少冻害发生，避免主干和主枝日烧。

（6）负载量适宜，树势中庸。

# 七、桃园管理档案

## （一）概念

桃园管理档案是指果农将建园的基本情况及以后每年的桃树周年栽培管理技术及其他相关因子逐项记录下来。管理档案可以事先编制好小册子，按具体内容和要求逐项填好，每年完成一册，编号保存。开始时，每年结束后总结经验，对记录的内容进行适当调整。一旦确定下来，就要保持其稳定，以便以后进行对比。

桃园管理档案的用途：①作为历史资料积累。②便于总结生产经验，分析存在问题。有利于翌年进一步做好工作和提高技术水平。③作为提出任务、制订计划的依据。如果逐年整理总结果园的技术档案，这将有助于果农成为一名理论与实践结合的成功的技术人员。

果园管理技术档案的记载，有利于使果农养成及时记录、总结和思考的好习惯，学会如何监测果园，如何积累果园技术资料。日积月累，这些资料会慢慢显现出其应有的价值。

## （二）记录内容

**1. 建园基本情况** 建园基本情况主要包括：品种、面积、苗木来源、质量、砧木、栽植日期、栽植方式、密度、授粉树的配置方式及数量、栽植穴大小、深度、施肥种类、数量、土壤深度、理化性状及土壤差异分布、栽后主要管理措施、成活率、补栽情况及幼树安全越冬情况等。

**2. 物候期** 物候期主要包括：萌芽期、初花期、盛花期、新梢生长、果实着色、果实成熟、落叶期等。

**3. 果园管理情况** 果园管理情况包括：整形修剪、土肥水管理、花果管理、病虫害防治等主要栽培技术、实施日期及实施后效果。

病虫害防治可以记录桃园病虫害种类、发生时间、分布情况、消长规律、每次喷药的时间、药剂种类、使用浓度、防治效果、药剂的副作用、天气情况等。其他的管理技术同样如此。

**4. 主要气象资料及灾害性天气记录** 主要气象资料包括气温、地温、降雨等；灾害性天气包括低温冻害、雪灾、霜冻、冰雹、大暴雨、旱、涝、干热风等。

**5. 果品产量、质量（分级类别、销售数量等）与价格**

**6. 人力物力投入情况，单项技术成本核算和综合的投入与产出的分析**

**7. 其他** 平时的一些想法、工作体会、经验教训及生产中出现的一些不正常现象如药害等。

# 第十一章
## 经营管理与市场营销

/////// 一、品牌建设与维持 ///////

### （一）商标

商标是商品的生产者、经营者在其生产、制造、加工、拣选或者经销的商品上或者服务的提供者在其提供的服务上采用的，用于区别商品或服务来源的，由文字、图形、字母、数字、三维标志、声音、颜色组合，或上述要素的组合，具有显著特征的标志，是现代经济的产物。在商业领域而言，商标包括文字、图形、字母、数字、三维标志和颜色组合及上述要素的组合，均可作为商标申请注册。

经国家核准注册的商标为"注册商标"，受法律保护，所以商标是一个法律概念。商标通过确保商标注册人享有用以标明商品或服务，或者许可他人使用以获取报酬的专用权，而使商标注册人受到保护。

农产品使用商标可以有助于建立产品信誉，促进农产品的销售，促进农民增收；农民增收又可以促进农产品生产的产业化和规模化，从而实现规模效益；生产的规模化又有助于农业结构的调整。所以，推进农产品使用商标完全顺应市场经济的要求，是解决"三农"问题的根本措施之一。一些使用商标的农产品的成功经验充分证明了这一点。

目前，我国桃产区的商标有很多，如北京平谷的"甜那溪""御园""长城""碧霞""皇城"，江苏张家港的"河阳山""鸷山""凤珠"，四川成都龙泉驿的"驿都""山泉""龙泉驿水蜜桃"，浙江奉化的"锦屏山"，江苏无锡阳山的"太湖阳山"，河北深州的"深州"，江苏新沂的"钟吾""幸福老大""人未老"，山东肥城的"仙乐"，河北顺平的"台鱼""望蕊"，新疆石河子143团的"古丽巴克"等。

## （二）品牌

**1. 定义**　品牌是用以识别某个销售者或某群销售者的产品或服务，并使之与竞争对手的产品或服务区别开来的商业名称及其标志，通常由文字、标记、符号、图案和颜色等要素或这些要素的组合构成。品牌是给拥有者带来溢价、产生增值的一种无形的资产。一个好的品牌就会给商家带来很大的商品效益。

品牌，是人们对一个企业及其产品、售后服务、文化价值的一种评价和认知，是一种信任。品牌已是一种商品综合品质的体现和代表，当人们想到某一品牌的同时，总会和时尚、文化、价值联系到一起，企业在创品牌时不断地创造时尚，培育文化，随着企业的做强做大，不断从低附加值转向高附加值升级，向产品开发优势、产品质量优势、文化创新优势的高层次转变。当品牌文化被市场认可并接收后，品牌才产生市场价值。

品牌不是商标，而是产品或服务的象征。品牌所涵盖的领域，则必须包括商誉、产品、企业文化及整体营运的管理。

**2. 品牌及品牌化的重要性**　品牌是信誉的凝结。一个品牌一旦在老百姓心目中确立起来，就可以成为质量的象征、安全的象征，老百姓就会放心购买和持续消费。消费者对农产品品牌的认知度、美誉度、忠诚度、满意度，是衡量农业现代化水平的决定因素。

品牌化是市场化经营的必然结果，尤其是农产品供过于求、竞争日趋激烈之时，以差异化营销为本质特点的品牌战略将得以快速推进。

2013年12月，习近平总书记在中央农村工作会议上强调，要大力培育食品品牌，让品牌来保障人民对质量安全的信心。总书记还提出"推动中国制造向中国创造转变，中国速度向中国质量转变，中国产品向中国品牌转变"。毋庸置疑，品牌化已经成为农业现代化的核心标志。

（1）品牌化是消费者认同过程，是社会消费升级的迫切需要。

（2）品牌化是生产再造过程，是农业发展方式转变的迫切需要。农产品品牌化的过程，就是实现区域化布局、专业化生产、规模化种养、标准化控制、产业化经营的过程，有利于促进农业升级，实现由数量型、粗放型增长向质量型、效益型增长的转变。

（3）品牌化是价值提升过程，是促进农民增收的迫切需要。品牌是无形资产，其价值就在于能够建立稳定的消费群体、形成稳定的市场份额，没有品牌的产品更容易滞销卖难。

（4）品牌化是国际认同过程，是提高市场竞争力的迫切需要。我国是世界农业大国，不少农产品产量位居全球第一，但缺少一批像荷兰花卉、津巴布韦烟草等在国际市场上具有竞争力的农产品品牌，我国不少优势农产品只占据低端市场，无法带来高效益。

## （三）品牌农业

大多数人听到"农业品牌"的第一反应是怀疑。因为他们见到的水果、大米、青菜、猪肉等农产品基本上都籍籍无名。

习近平总书记指出："新常态下我们做农业，就是要抓住'品牌农业'这个牛鼻子，把基础打好，把体系做实，把品牌叫响，促进农业发展方式转变。"

**1. 定义** 品牌农业是一个以市场需求为原点，以生态安全为基础，以工业化经营为理念，以品牌营销为路径，打通一、二、三产业，促进农业增效、农民增收、消费者受益，最终实现可持续发展的全新产业形态。品牌农业是相较于传统粗放农业而提出的一种新型现代农业发展方式。

**2. 发展品牌农业的意义** 当前，中国已步入品牌农业发展的新时代。发展品牌农业意义重大。

（1）现代农业的必由之路。品牌农业是现代农业的重要标志，是由传统农业向现代农业过渡的必然选择。推进农产品品牌建设，有利于促进农业布局规模化、生产标准化、经营产业化、产品市场化和服务社会化，加快农业发展方式由数量型及粗放型向质量型、效益型转变。品牌农业就是建立农产品市场品牌，以农业生产经营模式的企业化、工业化为运营保障，以强化差异和特色竞争力为重点，以寻求产业市场优势和高质量、高效益为目的的现代农业业态。

（2）优化结构的有效途径。品牌就是有效益的竞争力。发展品牌农业有利于推进资源优势向质量优势和效益优势转变，有利于推进农业结构调整和优化升级，体现了利用工业理念打造现代农业的要求。

**3. 保障质量的迫切要求** 随着人民生活水平的提高，越来越多的消费者讲求产品质量，把品牌作为识别农产品品质的重要标志，越来越多的优质名牌农产品受到消费者的欢迎。农产品品牌内包含着对农产品品质的保障，是农产品质量的集中体现。通过品牌农业统一管理、统一生产、统一销售，能够促进农产品质量全面提高，形成一批具有较高美誉度和认知度的品牌农产品，进而使消费者对农产品产生信任感和购买欲。

**4. 促进农民增收的重要举措** 品牌是无形资产，打造农产品品牌的过程就是实现农产品增值的过程，品牌的价值空间无限广阔。据调查，有商标和地理标志的农产品价格比同类产品价格高 20% ~ 70%，好卖价高、市场占有率稳定。名牌农产品有利于拓展、细分农产品市场，促进产品消费和优质优价机制的形成，实现农业增效、农民增收。

### （四）品牌创建

发展品牌农业，需要培养和造就一大批具有开拓意识的企业家和高级经营管理人才，需要极大地提高从事农业生产的广大农民的素质。各级政府应设立专项资金，启动品牌农业人才培养工程，为品牌农业发展打好基础。

发展品牌农业是一项涉及生产、加工、销售和消费多领域、多环节的复杂系统工程，需要政府、社会、企业等多方面共同努力。

**1. 政府部门发挥服务职责** 一个品牌的形成需要长时间的艰苦努力，既离不开市场的有效配置，又离不开各方面的大力支持，作为农业部门要做好以下工作。

（1）搞好规划。坚持"发挥优势、突出特色、保证质量、注重文化、讲求效益"，统筹谋划、制定可行的建设规划，引领农产品品牌建设科学发展。要从资源禀赋、现有基础优势和发展潜力出发，积极培育新品牌，打造优化老品牌，提升壮大传统品牌，构建各层次有机结合的品牌集群优势。依据产业特点，以特色品牌基地为基础，建立品牌桃贮备库，逐一制定建设方案、落实责任单位，努力形成"创建一批、提升一批、储备一批"的滚动发展局面。

（2）培育主体。龙头企业、农民合作经济组织是品牌经营的主体和核心。要做强龙头企业、做多合作经济组织，培育扶持一批有较强开发加工能力和市场拓展能力的龙头企业，实现资金、人才和品牌的同步引进。企业规模与品牌建设可以相互促进，企业依托实力创品牌，反过来企业通过品牌经营，提高核心竞争力，进而扩张市场份额和企业规模。要围绕优势桃产业，大力发展生产型、加工型、营销型、服务型的规范化合作社，不断提高农民进入市场的组织化程度，实现小生产与大市场的有效对接。要以品牌为纽带，完善公司、合作社和农户的利益链接机制，鼓励建立更加稳定的产销合同、技术合作和服务契约关系，不断帮助企业做大品牌桃生产基地，最大限度提高品牌综合效益。

（3）整合资源。要充分发挥优势项目、龙头企业、强势品牌的带动作用，实行统一标志、统一标准、统一包装、统一销售，实现品牌共享，加速形成品牌产业链。树立"大产业、大基地、大品牌"的理念，坚持"同一区域、同一产业、同一品牌、同一商标"的导向，抓住主要区域，抓准特色优势，抓牢重点对象，抓实关键环节，引导支持企业按产业带培育品牌，跨区域整合品牌，做到培育"优"、扶持"强"、防止"乱"、突出"好"，使区域品牌、产业品牌、企业品牌之间相互促进，共同提升品牌核心竞争力。

（4）加大扶持。要制定科学、系统的扶持政策，从人、物、财等方面予以支持，充分调动企业和生产经营者创建品牌的积极性和主动性。切实发挥农业、工商、商务和质量等部门职责，不断完善培育引导措施，重点从商标注册、名牌培育、宣传推广和品牌保护等方面寻找突破口，提高服务能力，优化发展环境，全力打造"政府推动、企业主动、部门联动、市场拉动"的良性互动格局，达到"创一个品牌、兴一个产业、富一方百姓"的目标，切实履行好服务现代农业发展的使命。依托农产品质量监管站（或农技站），负责做好"三品一标"认证和管理日常工作，为推动农业"三品一标"持续发展提供业务服务和管理保障。科学制定好营销推介系列活动，开拓品牌桃国内外市场。

（5）强化保护。依法保护品牌的质量、信誉和形象，是保障品牌农业工作健康发展的关键。品牌主体要强化自律意识，切实加强品牌质量保证体系与诚信体系建设，不断提高产品质量和经营管理水平，依法经营品牌，自觉维护品牌形象。有关部门要加强监督检查，严厉打击各种违法违规行为，依法保障品牌所有人尤其是证明商标、集体商标所有人的利益，为品牌农业发展提供规范有序的环境。总之，农业品牌的培育和打造作为一个系统工程，既有农业的特性也有商品品牌的共性，要结合各地实际、产品特点和农业企业群体水平，通盘设计、整体运作，分步实施，使传统农业借助品牌的力量焕发出现代农业的澎湃活力。

**2. 以企业为主体，为打造品牌奠定基础**

（1）塑造企业和产品品牌灵魂。品牌灵魂，就是一定要有故事、有态度、有温度、有情怀，有直击人心、过目难忘的品牌态度和价值主张，积极打造如"农夫山泉""褚橙""麦当劳""雀巢咖啡""六个核桃"等具有鲜明时代印记和大众情怀的品牌符号。

（2）提高质量。

①规范标准生产。实行标准化生产是提高产品质量的关键。要将农业标准化与农民组织化有机结合，突出抓好桃树质量标准、质量安全检测和标准化技术推广三大体系建设，不仅实施单项技术标准，还要对产前、产中、产后全过程管理推行标准化。应根据产业特色及生产布局，因地制宜，研究制订简明易于理解和操作的实用技术规程，让产品有"标"可依、农

民有"准"可循。

②加强质量监控。要牢固树立"质量为本、以质取胜"理念，推行产地标志管理、产品条形码制度，对桃产品从"田间"到"车间"全方位监控，做到质量有标准、过程有规范、销售有标志、市场有监测。要突出农业投入品管理，从源头上杜绝违禁物质流入生产环节。农业产品的质量管理应贯穿桃品牌建设的全过程。从行政管理层级上要在市、县、乡三级建立农产品质量安全监管工作机构，市、县两级建立质量检验检测机构，各加工企业、批发市场等建立质量检验室、速测室，推行质量安全例行检测和质量安全追溯制度，逐级签订质量安全监管目标责任书，督促经营户和企业重视质量安全，为品牌建设与发展筑起质量安全保护屏障。在此基础上，严格按照无公害农产品、绿色食品和有机食品质量标准要求，在各"三品"生产基地大力推广配套技术操作规程，指导和督促基地农户对"三品"依标管理和生产。同时，加强证后监管工作，把"三品"质量安全监管和标志使用监管纳入质量例行检测、专项治理行动和日常农业行政执法重要内容，严格查处质量安全隐患，严禁各类假冒伪劣行为。

③推进科技创新。品牌竞争的根本是科技的竞争。推进科技创新，加强良种的引进培育，广泛运用生物工程技术、先进种植技术、信息技术和加工保鲜技术，增强产品的安全性和保健性。整合各方力量，通过多渠道、多形式培训，不断提高基地农户的科技素质和品牌意识。

（3）打造名品。坚定不移地走质量起步、认证上路、品牌开路的发展道路，依靠品牌开拓市场、提高效益、增加收入。

①发展"三品一标"。"三品一标"是政府主导的安全优质农产品公共品牌，也是当前和今后一个时期农产品生产消费的主导产品，深受社会推崇和青睐，要积极发展以获得公众质量认可。

②开展商标注册。商标是创建品牌的载体和前提，没有商标的产品无法成为品牌农产品。特别是有地方特色或已形成一定规模优势或有较高知名度等注册条件的桃树基地，要抓住机遇进行保护性注册，这即为包含对新兴产品的开发性注册。

③推进梯次创建。要形成系列创建品牌计划，有针对性地开展商标申报认定，建立梯次推进品牌培育战略，充分挖掘地方历史、文化、旅游等资源，把地方特色文化注入产品品牌，丰富文化底蕴，提升自身对消费文化的影响力。

（4）搞好宣传。通过组织品牌生产企业积极参加国家级和省级农产品交易会、自办地方特色农产品展会、新闻宣传报道、网络推广和网上直销店建设等多种形式，持续提高营销推介力度，积极开拓国内外市场，不断扩大品牌的市场销售空间。

# 二、"三品一标"认证

"三品一标"指的是无公害农产品、绿色食品、有机食品和地理标志。发展"三品一标"有如下好处。

①践行绿色发展理念的有效途径。党的十八届五中全会提出"创新、协调、绿色、开放、共享"发展理念，"三品一标"倡导绿色、减量和清洁化生产，遵循资源循环无害化利用，严格控制和鼓励减少农业投入品使用，注重产地环境保护，在推进农业可持续发展和建设生态文明等方面，具有重要的示范引领作用。

②实现农业提质增效的重要举措。现代农业坚持"产出高效、产品安全、资源节约、环境友好"的发展思路，提质、增效、转方式是现代农业发展的主旋律。"三品一标"通过品牌带动，推行基地化建设、规模化发展、标准化生产、产业化经

营，有效提升了农产品品质规格和市场竞争力，在推动农业供给侧结构性改革、现代农业发展、农业增效农民增收和精准扶贫等方面具有重要的促进作用。

通过抓标准、保质量、创品牌，"三品一标"产品表现出明显的市场优势和价格优势，从而带动农民增收。加贴无公害农产品标志的产品，绝大多数实现了从农贸市场、批发市场进入超市和连锁直接配送，售价比其他同类未认证产品要高出10%左右。获得绿色食品产品认证的价格明显提高警惕，平均增幅20%～30%。有机食品大多数出口或供应高端市场，价格提升更加明显，一般有机农产品高出50%以上，部分产品售价甚至高出常规产品好几倍。地理标志农产品也因其具有独特品质和文化内涵，市场价格和品牌价值得到双双提升。

③适应公众消费的必然要求。伴随我国经济发展步入新常态和全面建设小康社会进入决战决胜阶段，我国消费市场对农产品质量安全的要求快速提升，优质化、多样化、绿色化日益成为消费主流，安全、优质、品牌农产品市场需求旺盛。保障人民群众吃得安全优质是重要民生问题，"三品一标"涵盖安全、优质、特色等综合要素，是满足公众对营养健康农产品消费的重要实现方式。

④提升农产品质量安全水平的重要手段。"三品一标"推行标准化生产和规范化管理，将农产品质量安全源头控制和全程监管落实到农产品生产经营环节，有利于实现"产""管"并举，从生产过程提升农产品质量安全水平。

⑤扶贫的有效手段。我国很多贫困地区基本上无污染源头，具有发展绿色果品和有机农业的先天优势。发展绿色果品和有机农业，能够激发贫困地区内生动力，调动贫困地区和贫困人口自我脱贫的积极性，使贫困地区的土地、劳动力、自然资源开发转化成效益，带动贫困人口增收。

**1. 无公害农产品认证**

（1）定义。无公害农产品是指使用安全的投入品，按照规定的技术规范生产，产地环境、产品质量符合国家强制性标准并使用特有标志的安全农产品。无公害农产品的定位是保障消费安全、满足公众需求。无公害农产品认证是政府行为，采取逐级行政推动，认证不收费。

（2）认证。根据《无公害农产品管理办法》，无公害农产品由产地认定和产品认证两个环节组成。产地认定由省级农业行政主管部门组织实施，产品认证由农业部农产品质量安全中心组织实施。应严格按要求进行认证。农业部农产品质量安全中心最后提出形式审查意见并组织无公害农产品认证专家进行终审。终审通过符合颁证条件的，由农业部农产品质量安全中心颁发《无公害农产品证书》。

（3）标志和图案。无公害农产品标志图案由麦穗、对勾和无公害农产品字样组成。麦穗代表农产品，对勾表示合格，金色寓意成熟和丰收，绿色象征环保和安全。以"无公害农产品"称谓进入市场流通的所有获证产品，均须在产品或产品包装上加贴使用标志（图11-1）。

图11-1　无公害农产品标志

　　(4) 我国桃无公害农产品认证。我国桃无公害农产品认证企业 1 240 个（表 11-1）。认证最多的省份是江苏，其次是浙江和上海，分别为 299 个、194 个和 149 个，占到全国的 51.8%，山东也较多，北方地区认证较多的是北京、辽宁和河南等。

表 11-1　不同省份桃无公害农产品认证情况

| 省（自治区、直辖市） | 数量（个） |
| --- | --- |
| 安徽省 | 52 |
| 北京市 | 79 |
| 福建省 | 12 |
| 甘肃省 | 2 |
| 广东省 | 7 |
| 广西壮族自治区 | 11 |
| 贵州省 | 41 |
| 河北省 | 16 |
| 河南省 | 65 |
| 黑龙江省 | 5 |
| 湖北省 | 21 |
| 湖南省 | 10 |
| 吉林省 | 3 |
| 江苏省 | 299 |
| 江西省 | 4 |
| 辽宁省 | 66 |
| 内蒙古自治区 | 3 |
| 青海省 | 2 |

（续）

| 省（自治区、直辖市） | 数量（个） |
| --- | --- |
| 山东省 | 96 |
| 山西省 | 15 |
| 陕西省 | 26 |
| 上海市 | 149 |
| 四川省 | 29 |
| 天津市 | 9 |
| 新疆维吾尔自治区 | 9 |
| 云南省 | 8 |
| 浙江省 | 194 |
| 重庆市 | 7 |
| 合计 | 1 240 |

**2. 绿色食品认证**

（1）定义。绿色食品是指经专门机构认定，许可使用绿色食品标志的无污染、安全、优质的营养食品。绿色食品是出自良好的生态环境，实行"从土地到餐桌"全程质量控制。"绿色果品"是遵循可持续发展原则，按照特定生产方式生产，经专门机构认证（如中国绿色食品发展中心），许可使用绿色食品标志的无污染的安全、优质、营养果品。

（2）认证。1990 年 5 月 15 日，我国正式宣布开始发展绿色食品。申请人向中国绿色食品发展中心提出申请，发展中心对申请企业及产品进行多道程序审定后，与符合绿色食品条件的生产企业法人代表签订"绿色食品标志使用协议书"，然后由发展中心向企业颁发绿色食品标志证书。绿色食品证书的有效期为 3 年，在此期间，绿色食品生产单位必须接受发展中心指定的部级食品质量监测机构对其产品进行抽样和省绿色食品办公室的监督、指导,并履行绿色食品标志使用协议,期满后要求继续使用绿色食品标志者,需在期满前 90 天内重新申报。

(3) 绿色食品标志。绿色食品标志为正圆形图案,图案中的上方为太阳,下方为叶片,中心为蓓蕾,描绘了一幅明媚阳光照耀下的和谐生机,表示绿色食品是出自优良生态环境的安全无污染食品,并提醒人们必须保护环境,改善人与环境的关系,不断地创造自然界的和谐状态和蓬勃的生命力(图 11-2)。绿色食品标志是中国绿色食品发展中心在国家工商行政管理局商标局正式注册的质量证明商标。该商标的专用权受《中华人民共和国商标法》保护。

(4) 我国桃绿色食品认证。我国 27 个省(自治区、直辖市)认证了绿色食品桃,认证企业共有 402 个,认证桃类共有 411 个,主要是有的企业按品种进行认证,如江苏鲜乐美生态农业发展有限公司分别对白凤水蜜桃、湖景水蜜桃和雨花露水蜜桃进行了认证。认证最多的为山东,其次为安徽,再次为浙江和江苏,以上四省认证数量达 221 个,占到全国的

图 11-2　绿色食品标志

55.0%(表 11-2)。山东是我国的产桃大省,也是认证最多的省份,相对于桃树的面积而言,河北、河南、山西、甘肃、陕西认证的相对较少。绿色果品桃的认证,提高了桃的声誉,扩大了桃知名度,促进了桃的销售。

表 11-2　我国不同省份绿色食品桃产品认证的企业数量比较

| 省（自治区、直辖市） | 认证企业数量（个） | 认证的桃类数量（个） |
| --- | --- | --- |
| 安徽省 | 49 | 49 |
| 北京市 | 1 | 1 |
| 福建省 | 6 | 6 |
| 甘肃省 | 1 | 1 |
| 广东省 | 1 | 1 |
| 贵州省 | 1 | 1 |
| 河北省 | 12 | 12 |
| 河南省 | 15 | 15 |
| 黑龙江省 | 1 | 1 |
| 湖北省 | 18 | 18 |
| 湖南省 | 18 | 18 |
| 吉林省 | 1 | 1 |
| 江苏省 | 44 | 46 |
| 江西省 | 1 | 1 |
| 辽宁省 | 19 | 19 |
| 内蒙古自治区 | 2 | 3 |
| 宁夏回族自治区 | 2 | 2 |
| 山东省 | 81 | 82 |
| 山西省 | 1 | 1 |
| 陕西省 | 4 | 4 |
| 上海市 | 29 | 30 |
| 四川省 | 14 | 14 |
| 天津市 | 1 | 1 |
| 新疆维吾尔自治区 | 10 | 10 |
| 云南省 | 12 | 14 |
| 浙江省 | 47 | 47 |
| 重庆市 | 11 | 13 |
| 合计 | 402 | 411 |

绿色食品桃名称可以是桃、桃子等，也可以是桃树中的不同类型，如黄肉桃、油桃、蟠桃等，还可以是品种名称、商品名或地方名称（表11-3）。

表11-3　不同名称类型在绿色食品认证桃中所占比例

| 类型 | 数量（个） | 占比（%） |
|---|---|---|
| 桃、桃子、鲜桃、大桃 | 148 | 36.0 |
| 油桃、甜油桃、绿色油桃 | 48 | 11.7 |
| 蟠桃 | 5 | 1.2 |
| 黄桃、鲜黄桃、鲜食黄桃 | 20 | 4.9 |
| 蜜桃 | 18 | 4.4 |
| 水蜜桃 | 49 | 11.9 |
| 早熟桃 | 2 | 0.5 |
| 品种名称 | 49 | 11.9 |
| 商品名或地方名加桃 | 55 | 13.4 |
| 其他 | 10 | 2.4 |
| 与其他作物混合 | 7 | 1.7 |
| 合计 | 411 | 100 |

### 3. 有机食品认证

（1）定义。有机食品在生产过程中完全不用化学肥料、农药、生长调节剂、畜禽饲料添加剂等合成物质，也不使用基因工程生物及其产物。有机果品是有机食品的一部分。有机果品是根据有机农业原则和有机果品生产方式及标准生产加工出来的，并通过有机食品认证机构认证的果品。有机食品的生产有一个显著的特点就是有机食品的检查认证体系、质量保证体系和质量追踪体系。

（2）认证。申请人向被指定的认证机构（独立的第三者）

提出申请，再经过以下程序：签订认证检查合同、初审、实地检查评估、编写检查报告、综合审查评估意见、颁证委员会决议，之后颁发证书及有机食品标志的使用。

有机认证标志的获得，证明该生产基地通过了 2～3 年的有机转换，基地环境中的水、土、气等要素符合有机农业生产基地的标准，是清洁、没有污染的，其生产过程、生产资料及加工、包装和运输过程也符合有机要求。有机食品的检查认证体系，规定了每年定期通知检查一次，未通知检查至少一次，由检查员随时检查有机食品生产加工企业的生产过程和产品，保证了生产企业严格执行有机标准。

（3）有机食品标志。有机食品标志由两个同心圆、图案及中英文文字组成。内圆表示太阳，其中的既像青菜又像绵羊头的图案泛指自然界的动植物；外圆表示地球。图形外围绿色圆环上标明中英文"有机食品"。整个图案采用绿色，象征着有机产品是真正无污染、符合健康要求的产品及有机农业给人类带来了优美、清洁的生态环境（图 11-3）。

图 11-3　有机食品标志

（4）我国桃有机食品认证。我国 20 个省（自治区、直辖市）认证了桃有机果品，认证的企业有 283 个（含注销），四川最多，其次是山东和江苏（表 11-4）。

表 11-4　我国不同省份有机桃认证企业数量

| 省（自治区、直辖市） | 认证企业数量（个） |
| --- | --- |
| 北京市 | 13 |
| 福建省 | 2 |
| 广西壮族自治区 | 1 |
| 贵州省 | 7 |
| 河北省 | 22 |
| 河南省 | 15 |
| 湖北省 | 20 |
| 湖南省 | 3 |
| 江苏省 | 33 |
| 江西省 | 4 |
| 辽宁省 | 4 |
| 山东省 | 36 |
| 山西省 | 16 |
| 陕西省 | 4 |
| 上海市 | 10 |
| 四川省 | 60 |
| 新疆维吾尔自治区 | 10 |
| 云南省 | 12 |
| 浙江省 | 9 |
| 重庆市 | 2 |
| 合计 | 283 |

**4. 地理标志认证**

（1）种类及定义。我国目前存有 3 类地理标志产品认证及保护管理体系：国家工商行政管理总局（以下简称国家工商总局）认证及管理保护的中国地理标志 GI、国家质量检测检验检疫总局（以下简称国家质检总局）认证及管理保护的中国地理标志 PGI、农业部认证及管理保护的农产品地理标志 AGI。

国家工商总局地理标志：《商标法》第十六条规定，地理标志是指标示某商品来源于某地区，且该商品的特定质量、信誉或者其他特征，主要由该地区的自然因素或者人文因素所决定的标志。

国家质检总局地理标志：国家质检总局发布的《地理标志产品保护规定》中，地理标志产品是指产自特定地域，所具有的质量、声誉或其他特性本质上取决于该产地的自然因素和人文因素，经审核批准以地理名称进行命名的产品。

农业部地理标志：农业部发布《农产品地理标志管理办法》所称农产品地理标志，是指标示农产品来源于特定地域，产品品质和相关特征主要取决于自然生态环境和历史人文因素，并以地域名称冠名的特有农产品标志。

（2）不同地理标志认证。

①国家工商总局认证及管理保护的中国地理标志 GI。1994 年 12 月 30 日国家工商总局商标局发布《集体商标、证明商标注册和管理办法》，将证明商品或服务原产地的标志作为证明商标纳入商标法律保护范畴。

证明商标是指由对某种商品或者服务具有监督能力的组织所控制，而由该组织以外的单位或者个人使用于其商品或者服务，用以证明该商品或者服务的原产地、原料、制造方法、质量或者其他特定品质的标志。证明商标是由多个人共同使用的商标，因此，其注册、使用及管理需制订统一的管理规则并将之公之于众，让社会各界共同监督，以保护商品或服务的特定品质，保障消费者的利益。

申请人向商标局或商标代理组织提交相关申请材料，通过形式审查后，发受理通知书，再经实质审查和核准，发布初审公告，之后发布商标公告并发证。

　　GI 地理标志的注册申请人可以是社团法人，也可以是取得事业法人证书或营业执照的科研和技术推广机构、质量检测机构或者产销服务机构等。申请要求对地理标志产品的特定品质受特定地域环境或人文因素决定进行说明。

　　GI 地理标志保护专用标志如图 11-4 所示。

图 11-4　国家工商总局商标局发布的
地理标志保护专用标志

　　我国 14 个省（自治区、直辖市）注册了桃地理标志证明商标，商标共有 33 个，其中，1 个为桃木雕刻（表 11-5）。山东最多，其次为江苏和湖北。

表 11-5　国家工商总局桃地理标志证明商标

| 省（自治区、直辖市） | 商标名称 |
| --- | --- |
| 安徽省 | 园艺鲜桃 |
| 北京市 | 平谷鲜桃 |
| 福建省 | 福安水蜜桃、穆阳水蜜桃 |
| 甘肃省 | 秦安蜜桃 |
| 河北省 | 深州蜜桃 |

（续）

| 省（自治区、直辖市） | 商标名称 |
| --- | --- |
| 湖北省 | 老河口大仙桃、孝感早蜜桃、保安狗血桃、老河口大仙桃 |
| 湖南省 | 炎陵黄桃 |
| 江苏省 | 新沂水蜜桃、盱眙水蜜桃、阳山水蜜桃、凤凰水蜜桃、阳湖水蜜桃 |
| 辽宁省 | 盘道沟晚蜜桃、金州黄桃、普兰店棚桃 |
| 山东省 | 蒙阴蜜桃、青州蜜桃、梁山蜜桃、高青雪桃、香城油桃、肥城桃、武台黄桃、桃木雕刻 |
| 上海市 | 南汇水蜜桃、奉贤黄桃 |
| 四川省 | 龙泉驿 |
| 云南省 | 开远蜜桃 |
| 浙江省 | 奉化水蜜桃、凤桥水蜜桃 |

②国家质量检测检验检疫总局认证及管理保护的中国地理标志 PGI。2015 年，国家质检总局发布了《地理标志产品保护规定》，申请产品获得审核通过并公告后，申请单位的生产者即可在其产品上使用地理标志产品专用标志，获得地理标志产品保护。该地理标志保护产品，与国际市场接轨，由国家质量检测检验检疫总局根据《地理标志产品保护规定》实施监督与管理保护。

申请人将相关材料提交省级质量技术监督局和直属出入境检验检疫局，分别负责对拟申报的地理标志产品的保护申请提出初审意见，并将相关材料上报国家质检总局。国家质检总局对审查合格的，在相关媒体上进行公告，之后，国家质检总局组织专家审查委员会对没有异议申请进行技术审查，审查合格的，由国家质检总局发布批准该产品获得地理标志产品保护的公告。

国家质检总局发布地理标志保护专用标志如图 11-5 所示。

图 11-5　国家质检总局认证中国地理标志
专用标志

国家质检总局认证的桃地理标志产品有 14 个，其中，包括 1 个加工品（合川桃片）（表 11-6）。

**表 11-6　国家质检总局认证的桃地理标志产品保护**

| 名称 | 保护范围 |
| --- | --- |
| 南汇水蜜桃 | 上海南汇区新场镇、大团镇、康桥工业区、六灶镇 |
| 平谷大桃 | 平谷大桃地理标志产品保护范围以北京平谷区人民政府《关于划定平谷大桃国家地理标志保护范围的函》（京平政文［2005］65 号）提出的范围为准，为北京平谷现辖行政区域 |
| 青州蜜桃 | 青州蜜桃地理标志产品保护范围以山东青州人民政府《青州市人民政府申请界定青州蜜桃地理标志产品保护范围的函》（青政函字［2005］27 号）提出的范围为准，为山东青州五里镇、普通镇、邵庄镇、庙子镇、云门山街道办事处等 5 个镇、街道办事处现辖行政区域 |
| 合川桃片 | 合川桃片地理标志产品保护范围为重庆市合川区现辖行政区域 |

（续）

| 名称 | 保护范围 |
|------|---------|
| 顺平桃 | 顺平桃地理标志产品保护产地范围为河北顺平腰山镇、蒲上镇、台鱼乡、安阳乡、白云乡、河口乡、大悲乡、神南乡8个乡镇现辖行政区域 |
| 九仙桃 | 九仙桃地理标志产品保护产地范围为广东翁源龙仙镇、江尾镇、坝仔镇、官渡镇现辖行政区域 |
| 奉贤黄桃 | 奉贤黄桃地理标志产品保护范围为上海奉贤现辖行政区域 |
| 金山蟠桃 | 金山蟠桃产地范围为上海金山吕巷镇，廊下镇光明村、南塘村，金山卫镇塔港村、星火村、横召村，张堰镇秦望村，朱泾镇五龙村、慧农村，亭林镇周栅村、后岗村、驳岸村现辖行政区域 |
| 大竹秦王桃 | 大竹秦王桃产地范围为四川大竹现辖行政区域 |
| 三湖黄桃 | 三湖黄桃产地范围为湖北江陵三湖管理区现辖行政区域 |
| 杨店水蜜桃 | 杨店水蜜桃产地范围为湖北孝感孝南区杨店镇、西河镇、三汊镇、祝站镇、肖港镇、新铺镇6个镇现辖行政区域 |
| 深州蜜桃 | 深州蜜桃产地范围为河北深州穆村乡、双井开发区、唐奉镇、深州镇、兵曹乡、辰时镇、东安庄乡共7个乡镇现辖行政区域 |
| 新沂水蜜桃 | 新沂水蜜桃产地范围为江苏新沂新安镇、时集镇、双塘镇、高流镇、棋盘镇、马陵山镇、唐店镇共7个镇现辖行政区域 |
| 连平鹰嘴蜜桃 | 连平鹰嘴蜜桃产地范围为广东连平现辖行政区域 |

③农业部认证及管理的农产品地理标志 AGI。2007 年 12 月 25 日，农业部发布《农产品地理标志管理办法》。申请人为县级以上地方人民政府根据下列条件择优确定的农民专业合作经济组织、行业协会等组织，必须具有监督和管理农产品地理标志及其产品的能力；具有为地理标志农产品生产、加工、

营销提供指导服务的能力；具有独立承担民事责任的能力。

认证程序：申请人应当向省级农业行政主管部门提出登记申请，提交相关材料，并对申请材料在初审和现场核查的基础上，提出初审意见。符合规定条件的，将申请材料和初审意见报农业部农产品质量安全中心，质量安全中心经审查，提出审查意见，并组织专家评审。专家评审通过的，在相关媒体上进行公示。公示无异议的，颁发《中华人民共和国农产品地理标志登记证书》并公告，同时公布登记产品的质量控制技术规范。农产品地理标志登记证书长期有效。

农业部农产品地理标志保护专用标志见图11-6。

图 11-6　农业部农产品地理标志
保护专用标志

我国有 17 个省份认证了农业部农产品地理标志，共认证产品 32 个。其中，山东最多，其次为四川和湖北（表 11-7）。

表 11-7　农业部地理标志保护产品桃名录

| 省（自治区、直辖市） | 产品名称 |
| --- | --- |
| 福建省 | 穆阳水蜜桃 |
| 甘肃省 | 安宁白凤桃 |
| 贵州省 | 永乐艳红桃 |

（续）

| 省（自治区、直辖市） | 产品名称 |
| --- | --- |
| 河北省 | 高碑店黄桃 |
| 河南省 | 桐柏朱砂红桃 |
| 湖北省 | 四井岗油桃、广水胭脂红鲜桃、大口蜜桃 |
| 江苏省 | 阳山水蜜桃 |
| 辽宁省 | 盖州桃 |
| 宁波市 | 奉化水蜜桃 |
| 山东省 | 黄河口蜜桃、蒙阴蜜桃、里口山蟠桃、荣成蜜桃、肥城桃、麻兰油桃、北梁蜜桃、王家庄油桃、店子秋桃 |
| 山西省 | 贺家庄鲜桃 |
| 陕西省 | 王莽鲜桃、老堡子鲜桃 |
| 上海市 | 金山蟠桃、奉贤黄桃 |
| 四川省 | 简阳晚白桃、充国香桃、蓬溪仙桃、松林桃 |
| 新疆维吾尔自治区 | 阜康蟠桃、喀拉布拉桃子 |
| 云南省 | 开远蜜桃 |

# 三、农产品区域公用品牌

## （一）概念

农产品区域公用品牌指的是特定区域内相关机构、企业、农户等所共有的，在生产地域范围、品种品质管理、品牌使用许可、品牌行销与传播等方面具有共同诉求与行动，以联合提供区域内为消费者的评价，使区域产品与区域形象共同发展的农产品品牌。作为农产品品牌的一种重要类型。

## （二）区域公用品牌的必要性

中国农业的最大特点是经营主体的高度分散，无论是农业龙头企业还是合作社、家庭农场，大多缺乏创建品牌的实力。面对这一现状，胡晓云分析认为，只有推行区域公用品牌，采取"母子品牌模式"，以产业协会等创建的区域公用品牌，带动经营主体的"子"品牌，才能在市场营销上占据主动。

区域公用品牌与企业品牌、合作社品牌、农户品牌等普通商标意义上的品牌不同。它具有整合区域资源、联动区域力量的特殊能力。如果以地理标志产品为产业基础，创建区域公用品牌，并形成与企业品牌、合作社品牌、农户品牌等的母子品牌协同关系，创造区域与企业（合作社、农户）的品牌互动模式，能够最大限度地形成区域、产业、企业、农户的合纵连横，创造区域品牌新生态。

## （三）农产品区域公用品牌的特殊性

（1）一般须建立在区域内独特自然资源或产业资源的基础上。及借助区域内的农产品资源优势。

（2）品牌权益不属于某个企业或集团、个人拥有，而为区域内相关机构、企业、个人等共同所有。

（3）具有区域的表证性意义和价值。特定农产品区域公用品牌是特定区域代表，因此，经常被称之为一个区域的"金名片"，对其区域的形象、美誉度、旅游等都起到积极的作用。

## （四）桃区域公用品牌

**1. 国家级区域公用品牌**　我国有多个桃品牌入选了中国农产品区域公用品牌。

蒙阴蜜桃、平谷鲜桃、阳山水蜜桃、奉贤黄桃入选 2011 中国农产品区域公用品牌。

王莽鲜桃、蒙阴蜜桃、秦安蜜桃入选 2012 中国农产品区域公用品牌。

平谷大桃入选 2015 最具投资价值的中国农产品区域公用品牌。

平谷大桃、南汇水蜜桃、奉化水蜜桃入选 2017 年中国百强农产品区域公用品牌。

穆阳水蜜桃、奉贤黄桃入选 2017 年最受消费者喜爱的中国农产品区域公用品牌。

**2. 省级和市级** 区域公用品牌除了国家级之外，还有省级和市级。

# 四、果品销售

## （一）传统销售

**1. 当地批发市场** 专业批发市场仍是当前桃果实销售的主要渠道，也是建设的重点。完善现有基础设施，改善摊位设施，市场场容整洁，并建立服务体系，维持市场秩序，确保文明经商，满足果农和客商的需求。进一步规范市场秩序，创建文明、有序、卫生、便民的市场环境，工商、公安、林业等相关部门给予大力支持，为果农客商提供优质的服务。

在建设新型批发市场的过程中，要进一步借鉴发达国家的管理模式，完善批发市场的功能。除交易外，还要发挥批发市场在农产品仓储、运输、配送、结算、检验检测、信息服务的功能，加快批发市场的现代化建设。要规范化管理进程，加强、完善和改进市场服务，建设符合现代流通发展要求的批发市场。

**2. 外地大型市场销售平台** 在全国各大省市的批发市场设立专卖区。

**3. 农超对接、农企对接** 组织销售组织与当地大型商业企业、连锁集团接洽活动，不仅在当地各大商超销售桃，还与外地大型连锁商业企业（沃尔玛、家乐福等）建立供应关系。还可在多个社区、超市设置鲜桃直销店、专卖店，广大消费者就可购买到正宗的鲜桃，实现了从桃园到消费者餐桌的无缝连接。

## （二）新型销售

**1. 电商销售模式** 据了解，2014 年无锡阳山水蜜桃产量23 250 吨，总产值为 3.55 亿元，这其中通过电商渠道销售的比例占到 20%。电商销售主要模式如下：

（1）与第三方平台合作。在"一号店"、天猫、淘宝等各大网络电商平台，创建店铺。

（2）自建电商。农户、农业企业和家庭农场均可建立自己的网站，通过网络一方面宣传，另一方面进行销售。

（3）与快递物流企业合作。现在物流快递企业依托物流网络的优势建设销售平台的趋势正在火热发展，像顺丰、邮政EMS、宅急送、联邦快递和同城快递等。

（4）完善电商销售的关键环节。

①电商营销要实现"三个统一"。"三个统一"即统一包装、统一授权、统一出货标准。同时，加大网络打假力度，捍卫高质量品牌和口碑。

②建立桃溯源系统。利用网络的优势建立溯源系统，可查询桃的产地、品种、种植者等信息，实时查询在线订购的桃现在何地，处于何种状态。

③制订完善桃电商销售的售后条款。在提高水蜜桃运输技术的基础上，就可能发生的相关问题制定合理解决方案，以保护消费者权益，维护当地桃品牌形象为主。

④制订详尽的商标使用规则。规范电商销售领域的商标使

用行为。

⑤建立会员电商销售备案。充分发挥桃农协会作用，通过协会规范桃农的电商行为，同时做好数据统计整理工作，与执法部门的网站监管系统汇总。

⑥建立快速处理机制。加强与相关的电商、企业的沟通，建立快速处理机制，及时处理消费者反映的情况。

利用二维码防伪技术、数据库自动生成、物联网技术等，把授粉、施肥等信息采集并录入到系统中。

（5）适宜桃果实包装。

①"网格式"包装。使水蜜桃密封在纸盒里，即使用力晃动，水蜜桃也不会损坏。包裹的海绵起到保护作用，还能透气，便于水蜜桃保鲜。

②"凹槽式"包装。即水蜜桃用海绵包裹，放在类似装鸡蛋的凹槽托盘里，用另一个凹槽盖上，再放入纸包装盒，遇到翻转、摇动，水蜜桃依然可以保持完好。

**2. 打造"文化桃"和产品**

（1）图案的贴膜。让太阳在鲜桃上"写字绘画"。果农通过给桃套上不同类型图案的贴膜，让图案显现在鲜桃上。如"福禄寿喜""生日""贺寿""喜庆""寿星""十二生肖"等晒字桃。这种"文化桃"比一般桃的平均价格高出2～3倍，甚至更多，有的一个就能卖几十块钱。

（2）特款礼品桃。可以开发生日、礼品、祝寿、旅游等多种款式的特种款型产品，满足消费者对多品种、多层次的需要。使从一般的水果消费品成为礼品消费的馈赠佳品。

（3）桃工艺品和附加产品。桃工艺品有桃木梳、桃木剑、桃符、桃木手链、桃木坠、桃木生肖等多个品种，还有"寿星""福娃""奥运标志""十二生肖""情侣"等系列桃果艺术品。用于食用及其他用途的还有桃精油、桃膳食纤维、桃花茶、桃花蜜，这些产品提高了桃的文化品位和附加值。北京平谷、河北保定顺平、山东肥城等桃主产区均有一些桃工艺品加工企业。

### 3. 节庆

（1）桃花节和采摘节。利用桃花节和采摘节等节庆形式，开展桃品牌宣传与果品销售。

经过几年的发展，桃花节已从最初单纯的旅游赏花活动，集文娱、旅游、体育、会展等多元化。活动有效地带动了其他相关旅游产业和跨类产业，如百里观光长廊、桃花宴、体验民俗风情、吃农家饭、做农家活、采摘山野菜、品尝绿色食品、特色民俗专业村、农家料理等，成为民俗游的一大特色。而如集体时尚婚礼，骑行穿越花海，特邀国际友人前来，更是增添了桃花节的时尚性、国际性和趣味性。在桃花节上，政府举办旅游经贸洽谈，旅游与展销结合，中外宾客在赏花观光的同时进行经贸合作。

果实采摘可以让广大消费者在第一时间品尝到口味正宗的鲜桃。可采摘树上自然成熟的桃子，这时候的果形、色泽、甜度与口感都达到最佳，一般情况下，品质优于市场上销售的果品，更加新鲜。

（2）文脉制造事件营销。主要包括展览会、订货会、大集、桃王评选大赛、桃王擂台赛、寿星献寿桃、吃桃冠军大赛、大桃王拍卖活动、民俗手工艺制作表演等，吸引众多游客到产地采摘。还可参加全国桃赛，中国园艺学会桃分会每两年召开一次会议，从第二届（2009）开始，开展果品评优活动，从第四届（2013年）开始，改为赛桃会，到2017年为止，已成功地举办了5次。专家组对收到的参评样品根据外观品质、内在品质等指标进行综合评比，评出金奖、银奖和铜奖若干名。获奖将提升当地桃在全国的影响力，起到很好的宣传效果，利于当地桃的销售，助推当地桃品牌创建步伐。

### (三) 鲜桃出口

我国桃出口从 2011 年开始呈现出不断增加的趋势，如 2011 年为 3.9 万吨，2012—2016 年分别为 4.7 万吨、3.7 万吨（2013 年比 2012 年稍有减少）、6.5 万吨、8.6 万吨和 10.0 万吨。平谷大桃、蒙阴蜜桃、阳山水蜜桃、龙泉驿水蜜桃等均实现了出口。主要出口国是新加坡、迪拜、俄罗斯、波兰、乌克兰、马来西亚、日本等。

2004 年，平谷大桃出口实现了历史性的重大突破，不仅销到了亚洲的大部分国家和地区，而且还东渡扶桑，销往日本，并且大批量打入了英国和意大利等欧盟国家，全年鲜桃出口达到 1 500 万千克，占全区精品桃销售量的 12.5%。

2012 年年底，按照国家质检总局的政策和标准，北京平谷启动国家级出口食品农产品质量安全示范区建设，农产品质量安全追溯体系就是示范区建设的重要组成部分。截至目前，示范区建立了从生产到出口的全过程示范链条，对从大桃种植、采收、清洗、包装等种植过程，到桃浆生产、桃罐头生产、桃汁生产等加工过程，还有冷链监管、检测、通关等仓储和口岸通关过程关键环节进行连环控制，逐步可实现从生产到出口的全过程中各阶段产品的可追溯。2014 年，北京市平谷区成功创建了国家级出口食品农产品质量安全示范区，意味着平谷大桃可以规模化出口。

龙泉驿水蜜桃从 2013 年开始出口新加坡以来，以逐年 20% 的量在递增，即使是内销的水蜜桃，也是达到了出口的品质。长松水蜜桃合作社是龙泉驿重要的水蜜桃出口基地之一，当天早上从龙泉山桃树上摘下的鲜桃，晚上就能在泰国、新加坡、香港收到货，翌日早上能出现在这些国家商超。

为了让蜜桃产业实现真正意义上的与国际市场接轨，形成蜜桃产销一体化的产业链条，山东蒙阴县在蜜桃营销上狠下工夫，经多方努力，蒙阴县宗录合作社的蜜桃获得了蜜桃自主出口经营许可权，出口到新加坡，这标志着蒙阴蜜桃产业开始走向了国际市场。蒙阴万华食品有限公司是临沂市第一家获得水果自主出口权的企业，蒙阴蜜桃已出口到新加坡、印度尼西亚、马来西亚等国家。

近两年，无锡阳山水蜜桃通过快递业务将水蜜桃出口到港澳地区近 10 吨。

# 五、他山之石

## （一）何为"褚橙"

"褚橙"是指由褚时健栽培于云南的冰糖橙，属甜橙类。云南著名特产，以味甜皮薄著称。其形状为圆形至长圆形，颜色为橙黄色，含有大量维生素 C，营养价值高，高甜低酸，果皮易剥离，中心柱充实，汁味甜而清香，无苦味。由于它是由昔日"烟王"褚时健种植而得名，商业品牌为：云冠橙。

由于特殊的区位优势和栽培管理，所产"褚橙"果色金黄、果皮薄、有光泽、味甘甜，汁丰富、无核或少核，化渣率率，口感好，品质明显优于其他地区的同类橙子。

## （二）"褚橙"的成功销售

据资料显示，2012 年 11 月 5 日 10 时，本来生活网开始销售"褚橙"，前 5 分钟抢购了 800 箱，24 小时内售出了 1 500 箱；4 天卖出了 3 000 箱，不到 40 天，售出 200 吨。2015 年 10 月 10 日，"褚橙"在阿里平台预售的第一天，6 小时销量竟然就达到了 130 吨。数据显示，仅仅在 2013 年的"双十一"一天，"褚橙"的预售量就达到了 200 吨，超过了 2012 年全年的网上总销量。

"褚橙"的品质和口感非常不错,除了价格之外,消费者几乎没有什么负面评价,所以销量越来越好。2012 年的销售数据显示,平均每个用户购买了 3 箱"褚橙",重复购买的人很多。而其他款水果开始销售后,消费者对其质量评价并不是很好,所以再次购买的很少。

到目前为止,处于供不应求的状态。

### (三)成功的几个关键因素

**1. 互联网营销** 2012 年,本来生活网注意到了云冠冰糖橙,便预知到了云冠冰糖橙的市场前景,愿意与云冠冰糖橙携手合作,为"褚橙"这一品牌的风靡全国打下了基础。在许多农产品品牌中,"褚橙"的品牌打造极有典型意义。在塑造"褚橙"这个品牌上,作为电商的本来生活网花费了不少心思。为了让云冠冰糖橙更能打动消费者,直接把产品名变为"褚橙",把褚时健传奇故事、一位 80 多岁的创业者、口味极佳的水果等元素融合进一个载体——"褚橙"。

其实,褚时健当初创业种植"褚橙"时,断然没有想到通过互联网渠道来销售"褚橙"。由于互联网技术的普及,"褚橙"通过互联网渠道成为爆款,自然离不开当下的互联网环境和幕后的推手。

**2. 社会化营销** "褚橙"是一个典型的成功的社会化营销案例,具有标杆意义。所谓社会化营销,是指利用社会化网络、在线社区、微博或其他互联网协作平台及媒体的渠道传播和发布相关产品资讯,有效地形成的营销、销售、公共关系处理和客户关系服务维护及开拓的一种方式。

社会化营销源于对"褚橙"产品的理解。"褚橙"从几元 1 斤*的乏人关注,到如今十几元 1 斤,依然供不应求。不可

---

\* 斤为非法定计量单位,1 斤=0.5 千克。——编者注

否认的是，"褚橙"如今的身份倍增离不开社会化营销，也离不开本来生活网这个背后的操盘手。正如"褚橙"包装上的一句话所说，谢谢你，让我站着把钱挣了。"褚橙"的销售找准了营销方式和消费群体，自然而不强迫，让消费者自愿购买和传播，有效地让每个人都成了"褚橙"社会化营销的志愿者。

**3. 个性化定制包装**　通过部分印刷信息的变化来实现个性化的产品包装，达到实现营销"褚橙"的效果。如"虽然你很努力，但你的成功主要靠天赋""我很好，你也保重"等。将这些流行语印于"褚橙"纸箱的正面，根据消费者喜好来选择自己的包装。除此之外，还开展了私人定制包装，推向市场后，便赢得了用户们的广泛关注。个性化更能彰显自我，释放个性。

**4. 励志故事**　由于"褚橙"结合了褚时健不同寻常的人生经历，因此也称为励志橙。

"褚橙"被赋予了正面、向上、切合年轻人精神需求的故事与内涵，甚至赋予了一种励志精神，这是其增值部分。除了口感之外，使食用"褚橙"增加了一层精神上的体验。

它的种植者是已经年近九旬的昔日烟王褚时健。褚时健曾是中国烟草业的风云人物，在古稀之年因为贪污而入狱，后因获准保外就医，开启了又一段人生历程。这样的辉煌与沉沦之后，不甘心、不服输的个性让褚时健又回到了哀牢山，种植冰糖橙，一干就是十年。褚时健的强势回归，无疑是一个财富英雄形象。有企业家曾这样评价褚时健，"衡量一个人成功的标志，不是看他登到顶峰的高度，而是看他跌到低谷的反弹力"。这也就是励志精神。

**5. 品牌效应**　为了让自己的橙子销售业绩更好，褚时健给自己的橙子品牌取名为"云冠"，大概意思是云南的"冠军之橙"。然而，让褚时健没有想到的是，云冠品牌远低于褚时健本身的名气。在与本来生活网的合作中，本来生活网把褚时健种植的云冠冰糖橙干脆命名为"褚橙"。在互联网营销的推广和造势之后，"褚橙"最终被大多数消费者记住了。

2004年，以云冠注册商标的"褚橙"荣获绿色食品A级产品证书，2005年通过ISO质量体系认证，2009年，云冠被认定为云南著名商标，2010年，被评为昆明市农业龙头企业。

**6. 优良的果实品质**　在"褚橙"的推广和营销过程中，仅仅有互联网营销是不够的，必须依托优质的产品作为基础。只有橙子风味好、口感甜，才可以经得起用户体验。

褚时健介绍说，我们花了10年，把"褚橙"品质搞上来了，让品牌做到大家公认，酸甜比、亩产量一个个指标都拿下来。中国农产品要做起来，首先就是要提高品质。

在"褚橙"的种植中，始终把品质放到首位，褚时健在接受媒体时坦言，品牌靠质量，一旦质量出问题，这个品牌就不行了。为了保证"褚橙"的品质，褚时健和妻子在褚橙园搭建了工棚，吃住都在工棚里。褚时健在这块贫瘠的土地上种出了我国最好的冰糖橙，可与国外橙子相媲美。

在"互联网＋"时代的当下，产品严重过剩，"褚橙"为了拓展自己的用户，在品质上，管理控严格，绝对不让次品流入市场。

事实证明，对于任何一个企业而言，质量都是其生存和发展的根本。因为产品质量关系到企业品牌价值提升，关系到企业的兴衰与成败。因此，对于任何一个企业而言，再好的营销渠道也需要凭借优质的产品才能赢得消费者的认可。这就决定了质量过硬的产品才是最好的营销模式的基础。

**7. 现代企业管理理念**　建立了完善的质量管控体系。

### （四）褚橙的品质是怎样打造的

为了提升冰糖橙的品质，褚时健花费了6年时间。刚开始，冰糖橙味道不行，销量也非常不畅。为了提升褚橙的品质，褚时健对肥料、灌溉、修剪都有自己的要求，工人必须严格执行。

**1. 有机肥**  种植园有自己的肥料厂，专门做有机肥。橙子所用的肥料一直是褚时健得意的宝贝，这种混合了鸡粪、烟末和榨甘蔗后废弃糖泥等独特的配方，是"褚橙"独特口味的秘密所在，一直被称赞的 24：1 的甜酸比正源于此。

**2. 水分**  使用的水全部采用哀牢山自然保护区原始森林山泉，为此从国家森林公园引出纯净水。蓄水的水塘是不准养鱼的，因为鱼饲料会污染水质。土壤的含水量也常年监控，保证在 60％左右，太多或者太少，都会影响果实的生长。

**3. 控制产量**  保证每棵树就只结长势最好的橙子 240 个左右。

**4. 光照**  对阳光的要求都特别苛刻，大的环境没法改变，种植园就用人工来改进，通过修改将多余枝条剪掉，阳光不管从哪个角度都可以照到。200 余人专门负责周年修剪。

# 附　录

## 附录一　无公害桃果品生产的农药使用标准

农药品种按毒性分为高、中、低毒3类，无公害果品生产中，禁用高毒、高残留及致病（致畸、致癌、致突变）农药；有节制地应用中毒、低残留农药；优先采用低毒、低残留或无污染农药。

### （一）禁用农药品种

甲胺磷、甲基对硫磷（甲基1605）、对硫磷（1605）、久效磷、磷胺、甲拌磷（3911）、甲基异柳磷、特丁硫磷、甲基硫环磷、治螟磷、内吸磷、克百威（呋喃丹）、涕灭威、灭线磷、硫环磷、蝇毒磷、地虫硫磷、氯唑磷、苯线磷。

### （二）有节制使用的中等毒性农药品种

拟除虫菊酯类：如氯氟氰菊酯、甲氰菊酯、联苯菊酯、顺式氰戊菊酯等；有机磷类：敌敌畏、二溴磷、毒死蜱、速螨酮等。

### （三）优先采用的农药制剂品种

**1. 植物源类制剂**　除虫菊、硫酸烟碱、苦楝油乳剂、松脂合剂等。

**2. 微生物源制剂（活体）** 苏云金杆菌制剂、杀螟杆菌制剂、白僵菌制剂和对人类无毒害作用的昆虫致病类其他微生物制剂。

**3. 农用抗生菌类** 阿维菌素（齐螨素、爱福丁、虫螨克等）、浏阳霉素、华克霉素（尼柯霉素、日光霉素）、中生菌素（农抗751）、多氧霉素（宝丽安、多效霉素等）、农用链霉素、四环素、土霉素等。

**4. 昆虫生长调节剂（苯甲酰基脲类杀虫剂）** 灭幼脲、定虫隆（抑太保）、氟铃脲（杀铃脲、农梦特等）、扑虱灵（环烷脲等）。

**5. 性信息引诱剂类**

**6. 矿物源制剂与配置剂** 石硫合剂等。

**7. 人工合成的低毒、低残留化学农药类** 辛硫磷、代森锰锌类、甲基硫菌灵、多菌灵、百菌清（敌克）、菌毒清、高脂膜、醋酸、中性洗衣粉等。

# 附录2  绿色食品级桃果品生产的
农药使用标准

绿色食品生产应严格按照《绿色食品  农药使用准则》（NY/T 393—2013）的规定执行。

**1. AA级和A级绿色食品生产均允许使用的农药和其他植保产品清单如下。**

### AA级和A级绿色食品生产均允许使用的
农药和其他植保产品清单

| 类　别 | 组分名称 | 备　注 |
|---|---|---|
| I．植物和动物来源 | 楝素（苦楝、印楝等提取物，如印楝素等） | 杀虫 |
| | 天然除虫菊素（除虫菊科植物提取液） | 杀虫 |
| | 苦参碱及氧化苦参碱（苦参等提取物） | 杀虫 |
| | 蛇床子素（蛇床子提取物） | 杀虫、杀菌 |
| | 小檗碱（黄连、黄柏等提取物） | 杀菌 |
| | 大黄素甲醚（大黄、虎杖等提取物） | 杀菌 |
| | 乙蒜素（大蒜提取物） | 杀菌 |
| | 苦皮藤素（苦皮藤提取物） | 杀虫 |
| | 藜芦碱（百合科藜芦属和喷嚏草属植物提取物） | 杀虫 |
| | 桉油精（桉树叶提取物） | 杀虫 |
| | 植物油（如薄荷油、松树油、香菜油、八角茴香油） | 杀虫、杀螨、杀真菌、抑制发芽 |

（续）

| 类　别 | 组分名称 | 备　注 |
|---|---|---|
| Ⅰ. 植物和动物来源 | 寡聚糖（甲壳素） | 杀菌、植物生长调节 |
| | 天然诱集和杀线虫剂（如万寿菊、孔雀草、芥子油） | 杀线虫 |
| | 天然酸（如食醋、木醋和竹醋等） | 杀菌 |
| | 菇类蛋白多糖（菇类提取物） | 杀菌 |
| | 水解蛋白质 | 引诱 |
| | 蜂蜡 | 保护嫁接和修剪伤口 |
| | 明胶 | 杀虫 |
| | 具有驱避作用的植物提取物（大蒜、薄荷、辣椒、花椒、薰衣草、柴胡、艾草的提取物） | 驱避 |
| | 害虫天敌（如寄生蜂、瓢虫、草蛉等） | 控制虫害 |
| Ⅱ. 微生物来源 | 真菌及真菌提取物（白僵菌、轮枝菌、木霉菌、耳霉菌、淡紫拟青霉、金龟子绿僵菌、寡雄腐霉菌等） | 杀虫、杀菌、杀线虫 |
| | 细菌及细菌提取物（苏云金芽孢杆菌、枯草芽孢杆菌、蜡质芽孢杆菌、地衣芽孢杆菌、多粘类芽孢杆菌、荧光假单胞杆菌、短稳杆菌等） | 杀虫、杀菌 |
| | 病毒及病毒提取物（核型多角体病毒、质型多角体病毒、颗粒体病毒等） | 杀虫 |
| | 多杀霉素、乙基多杀菌素 | 杀虫 |
| | 春雷霉素、多抗霉素、井冈霉素、（硫酸）链霉素、嘧啶核苷类抗菌素、宁南霉素、申嗪霉素和中生菌素 | 杀菌 |
| | S-诱抗素 | 植物生长调节 |

（续）

| 类　别 | 组分名称 | 备　注 |
|---|---|---|
| **Ⅲ.生物化学产物** | 氨基寡糖素、低聚糖素、香菇多糖 | 防病 |
| | 几丁聚糖 | 防病、植物生长调节 |
| | 苄氨基嘌呤、超敏蛋白、赤霉酸、羟烯腺嘌呤、三十烷醇、乙烯利、吲哚丁酸、吲哚乙酸、芸苔素内酯 | 植物生长调节 |
| **Ⅳ.矿物来源** | 石硫合剂 | 杀菌、杀虫、杀螨 |
| | 铜盐（如波尔多液、氢氧化铜等） | 杀菌，每年铜使用量不能超过6千克/公顷 |
| | 氢氧化钙（石灰水） | 杀菌、杀虫 |
| | 硫黄 | 杀菌、杀螨、驱避 |
| | 高锰酸钾 | 杀菌，仅用于果树 |
| | 碳酸氢钾 | 杀菌 |
| | 矿物油 | 杀虫、杀螨、杀菌 |
| | 氯化钙 | 仅用于治疗缺钙症 |
| | 硅藻土 | 杀虫 |
| | 黏土（如斑脱土、珍珠岩、蛭石、沸石等） | 杀虫 |
| | 硅酸盐（硅酸钠，石英） | 驱避 |
| | 硫酸铁（3价铁离子） | 杀软体动物 |
| **Ⅴ.其他** | 氢氧化钙 | 杀菌 |
| | 二氧化碳 | 杀虫，用于贮存设施 |
| | 过氧化物类和含氯类消毒剂（如过氧乙酸、二氧化氯、二氯异氰尿酸钠、三氯异氰尿酸等） | 杀菌，用于土壤和培养基质消毒 |
| | 乙醇 | 杀菌 |
| | 海盐和盐水 | 杀菌，仅用于种子（如稻谷等）处理 |

（续）

| 类　别 | 组分名称 | 备　注 |
|---|---|---|
| Ⅴ. 其他 | 软皂（钾肥皂） | 杀虫 |
| | 乙烯 | 催熟等 |
| | 石英砂 | 杀菌、杀螨、驱避 |
| | 昆虫性外激素 | 引诱，仅用于诱捕器和散发皿内 |
| | 磷酸氢二铵 | 引诱，只限用于诱捕器中使用 |

注：①该清单每年都可能根据新的评估结果发布修改单。

②国家新禁用的农药自动从该清单中删除。

**2. 有机种植中允许使用的农药和其他植保产品同绿色食品 AA 级**

**3. A 级绿色食品生产允许使用的其他农药清单**　当如上所列农药和其他植保产品不能满足有害生物防治需要时，A 级绿色食品生产还可按照农药产品标签或 GB/T 8321 的规定使用下列农药。

（1）杀虫剂。S-氰戊菊酯、吡丙醚、吡虫啉、吡蚜酮、丙溴磷、除虫脲、啶虫脒、毒死蜱、氟虫脲、氟啶虫酰胺、氟铃脲、高效氯氰菊酯、甲氨基阿维菌素苯甲酸盐、甲氰菊酯、抗蚜威、联苯菊酯、螺虫乙酯、氯虫苯甲酰胺、氯氟氰菊酯、氯菊酯、氯氰菊酯、灭蝇胺、灭幼脲、噻虫啉、噻虫嗪、噻嗪酮、辛硫磷、茚虫威。

（2）杀螨剂。苯丁锡、喹螨醚、联苯肼酯、螺螨酯、噻螨酮、四螨嗪、乙螨唑、唑螨酯。

（3）杀软体动物剂。四聚乙醛。

（4）杀菌剂。吡唑醚菌酯、丙环唑、代森联、代森锰锌、代森锌、啶酰菌胺、啶氧菌酯、多菌灵、噁霉灵、噁霜灵、粉唑醇、氟吡菌胺、氟啶胺、氟环唑、氟菌唑、腐霉利、咯菌腈、甲基立枯磷、甲基硫菌灵、甲霜灵、腈苯唑、腈菌唑、精甲霜灵、克菌丹、嘧菌酯、嘧霉胺、氰霜唑、噻菌灵三乙膦酸铝、三唑醇、三唑酮、双炔酰菌胺、霜霉威、霜脲氰、萎锈灵、戊唑醇、烯酰吗啉、异菌脲、抑霉唑。

# 附录3　桃园周年管理工作历（石家庄）

| 月份 | 物候期 | 主要工作内容 |
| --- | --- | --- |
| 1 月 | 休眠期，土壤冻结 | 1. 冬季修剪（主要指盛果期树，幼树可以推迟）<br>2. 伤口涂抹保护剂<br>3. 刮治介壳虫<br>4. 总结当年的工作，制订翌年全园管理计划 |
| 2 月 | 休眠期，土壤冻结 | 1. 继续冬季修剪<br>2. 准备好当年果园用药、肥料等相关农资 |
| 3 月 | 根系开始活动，3 月下旬花芽膨大 | 1. 3 月上旬仍进行冬季修剪<br>2. 清理果园，刮树皮。注意保护天敌<br>3. 熬制并喷施石硫合剂<br>4. 追肥，并灌萌芽水<br>5. 整地播种育苗<br>6. 定植建园<br>7. 防治蚜虫<br>8. 带木质部芽接高接桃树 |
| 4 月 | 根系活动加强，4 月上中旬开花，4 月中下旬展叶，枝条开始生长。 | 1. 防治金龟子<br>2. 预防花期霜冻。疏花蕾，疏花，花期采花粉，进行人工授粉<br>3. 播种育苗<br>4. 花前和花后防治蚜虫<br>5. 花后追肥、灌水<br>6. 红颈天牛幼虫开始活动，人工钩杀<br>7. 病虫害预测预报<br>8. 种植绿肥（果园生草，如白三叶草等） |

（续）

| 月份 | 物候期 | 主要工作内容 |
|------|--------|--------------|
| 5月 | 新梢加速生长，幼果发育，并进入硬核期 | 1. 疏果、定果、套袋（尤其是中晚熟品种和油桃）<br>2. 防治蚜虫、卷叶蛾，结合喷药，进行根外追肥，可以喷施 0.3% 尿素<br>3. 防治穿孔病、炭疽病、褐腐病、黑星病及梨小食心虫，钩杀红颈天牛幼虫<br>4. 追肥，灌水，以钾肥为主，配合氮、磷肥<br>5. 夏季修剪<br>6. 搞好病虫害预测预报，尤其是食心虫类预测预报 |
| 6月 | 6月上旬极早熟品种成熟，6月中下旬早熟品种成熟，新梢生长高峰 | 1. 果实采收<br>2. 6月上中旬防治叶螨，整月钩杀红颈天牛幼虫<br>3. 夏季修剪（摘心、疏枝），防果实和枝干日烧<br>4. 防治椿象、介壳虫、梨小食心虫和桃蛀螟<br>5. 果实成熟前 20 天左右追肥，以钾肥为主，施肥后浇水。结合喷药，喷 0.3%～0.5%的磷酸二氢钾<br>6. 当年速生苗嫁接 |
| 7月 | 新梢旺盛生长，中早熟、中熟品种成熟 | 1. 果实采收，销售<br>2. 夏季修剪（摘心、疏枝和拉枝）<br>3. 果实成熟前 15 天追肥，以钾肥为主，施肥后浇水<br>4. 捕捉红颈天牛成虫，防治桃潜叶蛾、梨小食心虫、桃蛀螟和苹小卷叶蛾<br>5. 注意排水防涝<br>6. 雨季到，注意防治各种病害 |

（续）

| 月份 | 物候期 | 主要工作内容 |
|------|--------|------------|
| 8 月 | 晚熟品种成熟，新梢开始停止生长 | 1. 套袋品种果实解袋，晚熟不易着色品种铺反光膜，果实采收，销售<br>2. 夏季修剪（疏枝，拉枝）<br>3. 追采后肥（树势弱的树）<br>4. 苗圃地芽接，大树高接换优<br>5. 播种毛叶苕子和三叶草<br>6. 防治桃潜叶蛾、卷叶蛾、梨小食心虫等，剪除黑蝉危害的枯梢，一并烧毁<br>7. 注意排水防涝和防治果实病害 |
| 9 月 | 枝条停止生长，根系生长进入第二个高峰期 | 1. 秋施基肥，配以氮、磷肥和适量微肥，如铁、锌、镁、钙和锰等<br>2. 防治椿象等，9 月中旬主干绑草把或诱虫带，诱集越冬害虫<br>3. 幼树行间生草<br>4. 晚熟品种果实采收 |
| 10 月 | 10 月中旬开始落叶，养分开始向根系输送，极晚熟品种成熟 | 1. 施基肥<br>2. 防治大青叶蝉 |
| 11 月 | 11 月中旬落叶完毕，开始进入休眠 | 1. 清除园中杂草、枯枝和落叶<br>2. 苗木出圃<br>3. 苗木秋冬栽植<br>4. 灌封冻水 |
| 12 月 | 自然休眠期 | 1. 树干、主枝涂白<br>2. 清园 |

# 附录4 桃园病虫害周年防治历（石家庄）

| 月份 | 生育期 | 防治对象 | 防治措施 |
|---|---|---|---|
| 1～3月 | 休眠期至萌芽前 | 树上及枯枝、落叶和杂草中越冬病菌、虫等 | 1. 新建园时尽可能避免桃、梨等混栽，新种植苗木要去除并烧毁有病虫的苗木，尤其是有根瘤病的苗木<br>2. 冬剪时彻底剪除病枝和僵果，集中烧毁或深埋<br>3. 早春发芽前彻底刮除树体粗皮、剪锯口周围死皮，消灭越冬态害虫和病菌。早春出蛰前集中烧毁诱集草把。收集消灭纸箱、水泥纸袋等诱集的茶翅蝽成虫。注意保护天敌<br>4. 清除果园内枯枝、落叶和杂草，消灭越冬成虫、蛹、茧和幼虫等<br>5. 休眠期用硬毛刷，刷掉枝条上的越冬桑白蚧雌虫，并剪除受害枝条，一同烧毁<br>6. 保护好大的剪锯口，并涂伤口保护剂<br>7. 树干大枝涂白，预防日烧、冻害，兼杀菌治虫<br>8. 萌芽前喷3～5波美度石硫合剂 |
| 4～5月 | 开花、果实第一次膨大期、新梢旺盛生长 | 蚜虫、椿象类（绿盲蝽和茶翅蝽）、梨小食心虫、卷叶蛾、桑白蚧、螨类（山楂叶螨等）、金龟子（苹毛金龟子和黑绒金龟）等虫害。<br><br>炭疽病、疮痂病、细菌性穿孔病等病害 | 1. 加强综合管理，增强树势，提高抗病能力<br>2. 改善果园生态环境，地面秸秆覆盖、地面覆膜、科学施肥等措施抑制或减少病虫害发生<br>3. 果园生草和覆盖。种植驱虫作物或诱虫作物（种植向日葵诱杀桃蛀螟，种植香菜、芹菜可诱杀茶翅蝽）<br>4. 刚定植的幼树，应进行套袋，直到黑绒金龟成虫危害期过后及时去掉套袋<br>5. 花前或花后喷螺虫乙酯（亩旺特）或吡蚜酮防治蚜虫。一般掌握喷药及时细致、周到，不漏树、不漏枝，1次即可控制 |

（续）

| 月份 | 生育期 | 防治对象 | 防治措施 |
|---|---|---|---|
| 4～5 月 | 开花、果实第一次膨大期、新梢旺盛生长 | 蚜虫、椿象类（绿盲蝽和茶翅蝽）、梨小食心虫、卷叶蛾、桑白蚧、螨类（山楂叶螨等）、金龟子（苹毛金龟子和黑绒金龟）等虫害。炭疽病、疮痂病、细菌性穿孔病等病害 | 6. 苹毛金龟子成虫在花期危害较大，在树下铺上塑料布，早晨或傍晚人工敲击树干，使成虫落于塑料布上，然后集中杀死<br>7. 花后 15 天左右，喷施毒死蜱、氯氰·毒死蜱或螺虫乙酯防治桑白蚧<br>8. 展叶后每 10～15 天，喷 1 次代森锰锌可湿性粉剂、硫酸锌石灰液、甲基硫菌灵、咪鲜胺、腐霉利、戊唑醇和苯醚甲环唑，防治细菌性穿孔病、疮痂病、炭疽病和褐腐病等<br>9. 黑光灯诱杀。常用 20 瓦或 40 瓦的黑光灯管作光源，在灯管下接一个水盆或一个大广口瓶，瓶中放些毒药，以杀死掉进的害虫。此法可诱杀桃蛀螟、卷叶蛾和金龟子等<br>10. 糖醋液诱杀。梨小食心虫、卷叶蛾、桃蛀螟和红颈天牛等对糖醋液有趋性，可利用该习性进行诱杀。将糖醋液盛在水碗或水罐内即制成诱捕器，将其挂在树上，每天或隔天清除死虫，并补足糖醋液，配方：糖 5 份、酒 5 份、醋 20 份、水 80 份。目前，诱杀梨小食心虫较好的配方：绵白糖 3 份、乙酸（分析纯）1 份、无水乙醇（分析纯）3 份、自来水 80 份<br>11. 性诱剂预报和诱杀。利用性外激素进行预报并诱杀梨小食心虫、卷叶蛾、红颈天牛和桃潜叶蛾等<br>12. 5 月上中旬喷 35％氯虫苯甲酰胺水分散粒剂 7 000～10 000 倍液、25％灭幼脲 3 号悬浮剂 1 500 倍液、2％甲维盐微乳油 3 000 倍液、20％杀脲灵乳油 8 000～10 000 倍液、2.5％高效氯氟氰菊酯乳油 3 000 倍液，防治梨小食心虫、椿象（绿盲蝽和茶翅蝽）、桑白蚧和潜叶蛾 |

（续）

| 月份 | 生育期 | 防治对象 | 防治措施 |
|---|---|---|---|
| 4~5月 | 开花、果实第一次膨大期、新梢旺盛生长 | 蚜虫、椿象类（绿盲蝽和茶翅蝽）、梨小食心虫、卷叶蛾、桑白蚧、螨类（山楂叶螨等）、金龟子（苹毛金龟子和黑绒金龟）等虫害。<br><br>炭疽病、疮痂病、细菌性穿孔病等病害 | 13. 防治梨小食心虫，可用梨小食心虫迷向素，开花前涂1次，以后每2~3个月涂1次<br>14. 及时剪除梨小食心虫为害新梢、桃缩叶病病叶和病梢、局部发生的桃瘤蚜为害梢、黑蝉产卵枯死梢等并烧掉。挖除红颈天牛幼虫。人工刮除腐烂病，用843康复剂5~10倍涂抹病疤。利用茶翅蝽成虫出蛰后在墙壁上爬行的习性进行人工捕捉<br>15. 保护和利用天敌，如红点唇瓢虫、黑缘红瓢虫、七星瓢虫、异色瓢虫、龟纹瓢虫、中华草蛉、大草蛉、丽草蛉、小花蝽、捕食螨、蜘蛛和各种寄生蜂和寄生蝇等 |
| 6~7月上旬 | 新梢生长高峰、硬核期、早熟品种成熟 | 螨类、卷叶蛾、红颈天牛、桃蛀螟、梨小食心虫、茶翅蝽、绿吉丁虫等虫害。<br><br>褐腐病、炭疽病等病害 | 1. 加强夏季修剪，使树体通风透光<br>2. 在桃树行间或果园附近，不宜种植烟草、白菜等农作物，以减少蚜虫的夏季繁殖场所<br>3. 人工捕捉红颈天牛。红颈天牛成虫产卵前，在主干基部涂白，防止成虫产卵。产卵盛期至幼虫孵化期，在主干上喷施氯氰菊酯乳油。人工挖其幼虫<br>4. 喷施阿维菌素，防治山楂叶螨和二斑叶螨<br>5. 每10~15天喷杀菌剂1次，防治褐腐病和炭疽病等。可选用戊唑醇、咪鲜胺、苯醚甲环唑、甲基硫菌灵和代森锰锌可湿性粉剂等 |

（续）

| 月份 | 生育期 | 防治对象 | 防治措施 |
|------|--------|----------|----------|
| 6～7月上旬 | 新梢生长高峰、硬核期、早熟品种成熟 | 螨类、卷叶蛾、红颈天牛、桃蛀螟、梨小食心虫、茶翅蝽、绿吉丁虫等虫害。<br>褐腐病、炭疽病等病害 | 6. 利用性诱剂预报和诱杀桃蛀螟和梨小食心虫等，在预报的基础上，进行化学防治，可喷施35%氯虫苯甲酰胺水分散粒剂7 000～10 000倍液、25%灭幼脲3号悬浮剂1 500倍液、2%甲维盐微乳油3 000倍液、48%毒死蜱乳油1 500倍液和苦参碱等。及时剪除梨小食心虫危害桃梢<br>7. 6月上旬，及时剪除茶翅蝽的卵块并捕杀初孵若虫<br>8. 当绿吉丁虫幼虫危害时，其树皮变黑，用刀将皮下幼虫挖出<br>9. 已进入旺盛生长季节，易发生缺素症，可进行根外喷肥补充所需营养<br>10. 保护和利用各种天敌资源 |
| 7月中下旬 | 中熟品种成熟、果实成熟期 | 梨小食心虫、白星花金龟子、黑蝉、红颈天牛等虫害 | 1. 适时夏剪，改善树体结构，通风透光。及时摘除病果，减少传染源<br>2. 利用白星花金龟成虫的假死性，于清早或傍晚，在树下铺塑料布，摇动树体，捕杀成虫。利用其趋光性，夜晚时在地头或行间点火，使金龟子向火光集中，坠火而死。利用其趋化性，挂糖醋液瓶或烂果，诱集成虫，然后收集杀死<br>3. 及时剪除黑蝉产卵枯死梢。发现有吐丝缀叶者，及时剪除，消灭正在为害的卷叶蛾幼虫<br>4. 利用性诱剂预报和诱杀梨小食心虫，在预报的基础上，可喷施甲维盐和毒死蜱等进行化学防治。及时剪除梨小食心虫危害桃梢<br>5. 人工挖除红颈天牛幼虫<br>6. 在果实成熟期内不喷任何杀虫和杀菌剂 |

（续）

| 月份 | 生育期 | 防治对象 | 防治措施 |
|---|---|---|---|
| 8～10月 | 晚熟品种成熟、枝条停止生长、养分回流到根系 | 梨小食心虫、红颈天牛、潜叶蛾、茶翅蝽、大青叶蝉等虫害。疮痂病等病害 | 1. 在进行预报的基础上，防治梨小食心虫。在树干束草诱集越冬梨小食心虫幼虫<br>2. 喷氯氟氰菊酯乳油和灭幼脲3号，防治潜叶蛾和桃一点叶蝉<br>3. 人工挖除红颈天牛幼虫<br>4. 在大青叶蝉发生严重地区，进行灯光诱杀<br>5. 8月下旬后在主枝上绑草把，诱集越冬的成虫和幼虫<br>6. 茶翅蝽有群集越冬的习性，秋季在果园附近空房内，将纸箱、水泥纸袋等折叠后挂在墙上，能诱集大量成虫在其中越冬。或在秋冬傍晚于果园房前屋后、向阳面墙面捕杀茶翅蝽越冬成虫<br>7. 结合施有机肥，深翻树盘，消灭部分越冬害虫。加入适量微量元素（如铁、钙、硼、锌、镁和锰等），防治缺素症发生 |
| 11～12月 | 落叶、进入休眠期 | 树上越冬病原和虫 | 落叶后树干、大枝涂白，防止日灼、冻害，兼杀菌治虫。涂白剂配制方法：生石灰12千克，食盐2～2.5千克，大豆汁0.5千克，水36千克 |

注：农药的使用浓度请参照说明书。

## 附录5 无公害桃生产中允许使用的
## 部分农药及使用准则

| 药剂名称 | 每年最多使用次数 | 安全间隔期（天） |
|---|---|---|
| 毒死蜱 | — | — |
| 氯氟氰菊酯 | 2 | 21 |
| 氯氰菊酯 | 3 | 21 |
| 甲氰菊酯 | 3 | 30 |
| 氰戊菊酯 | 3 | 14 |
| 溴氰菊酯 | 3 | 5 |
| 辛硫磷 | 4 | 7 |
| 石硫合剂 | — | — |
| 波尔多液 | — | — |
| 多菌灵 | — | — |
| 代森锌 | — | — |

注：所有农药的使用方法及使用浓度均按国家规定执行。

# 主要参考文献

冯建国，2000. 无公害果品生产技术［M］. 北京：金盾出版社.

姜全，俞明亮，张帆，等，2009. 种桃技术 100 问［M］. 北京：中国农业出版社.

李伟，2015. 品牌农业是现代农业发展的引领力［J］. 北京农业职业学院学报，29（3）：5-9.

马之胜，2003. 桃优良品种及无公害栽培技术［M］. 北京：中国农业出版社.

马之胜，贾云云，2008. 无公害桃安全生产手册［M］. 北京：中国农业出版社.

马之胜，贾云云，2014. 桃栽培关键技术与疑难问题解答［M］. 北京：金盾出版社.

马之胜，贾云云，王越辉，2015. 桃名优品种与配套栽培［M］. 北京：金盾出版社.

缪峰，2015. 对无锡阳山水蜜桃电商销售及市场监督的探讨［N］. 江苏经济报，10-20.

汪祖华，庄恩及，2001. 中国果树志（桃卷）［M］. 北京：中国林业出版社.

张丽莹，马永青，陈海江，2015.2014 年河北省桃产业的成本效益分析［J］. 安徽农学通报，21（2）：43，82.

周锡冰，2016. 褚橙是这样成为爆款的［M］. 北京：东方出版社.

朱更瑞，2005. 优质油桃无公害丰产栽培［M］. 北京：科学技术文献出版社.

**图书在版编目（CIP）数据**

桃园生产与经营致富一本通 / 马之胜，王越辉主编 . —北京：中国农业出版社，2018.1（2019.4 重印）
（现代果园生产与经营丛书）
ISBN 978-7-109-23825-1

Ⅰ.①桃… Ⅱ.①马… ②王… Ⅲ.①桃－果树园艺②桃－果园管理 Ⅳ.①S662.1

中国版本图书馆 CIP 数据核字（2018）第 001592 号

中国农业出版社出版
（北京市朝阳区麦子店街 18 号楼）
（邮政编码 100125）
责任编辑 黄宇 张利 李蕊

───────────

中国农业出版社印刷厂印刷 新华书店北京发行所发行
2018 年 1 月第 1 版 2019 年 4 月北京第 2 次印刷

开本：850mm×1168mm 1/32 印张：8.375 插页：2
字数：206 千字
定价：26.00 元
（凡本版图书出现印刷、装订错误，请向出版社发行部调换）

彩图1　冬季修剪前

彩图2　冬季修剪后

彩图3　二主枝Y形

彩图4　三主枝开心形

彩图5　幼龄桃园人工种植三叶草

彩图6　桃园自然生草

彩图7　小型挖掘机施有机肥

彩图8　桃树施袋控缓释肥（放射状沟施）

彩图9　桃树施袋装缓释肥（环状沟施）

彩图10　桃树有机肥施肥沟

彩图11　桃树人工授粉

彩图12　蜜蜂采粉

彩图13　疏果前坐果状

彩图14　疏果后坐果状

彩图15　桃果实套袋

彩图16　北京晚蜜桃果实
刚去袋

彩图17　北京晚蜜去袋6天后着色状

彩图18　雪雨露铺反光膜着色状

彩图19　桃果实疮痂病危
　　　　害状

彩图20　油桃果实褐腐病危
　　　　害状

彩图21　油桃萼筒内的蚜虫
　　　　及子房危害状

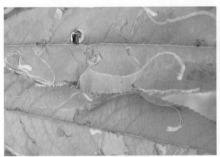
彩图22　桃潜叶蛾危害状

彩图23　梨小食心虫翘皮处越冬结茧及老
　　　　熟幼虫形态

彩图24　梨小食心虫危害新梢状

彩图25　性诱剂预报梨小食心虫成虫发生

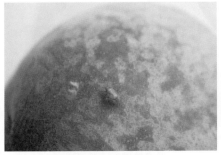
彩图26　绿盲蝽成虫

彩图27　绿盲蝽危害叶片状

彩图28 红颈天牛危害即将致死的桃树

彩图29 红颈天牛幼虫形态及危害树干状

彩图30 桑白蚧及危害状

彩图31 小蠹虫幼虫及危害状

彩图32 蜗牛危害果实状

彩图33 桃树砧木低温冻害

彩图34 桃树枝干日烧

彩图35 桃树果实日烧

彩图36 桃树冰雹灾害